高等职业教育新形态一体化规划教材
（汽车机电技术系列）

发动机机械系统构造与检修

主　　编　刘琳娇　徐道发
副主编　　许建强　陈俊杰
参　　编　孙立君　伊春雨　姚立泽　曹红玉
　　　　　耿连才　王江英　侯红宾　孙树森　姚建玲

机械工业出版社

本书内容包括内燃机类型的认知、发动机的认知、发动机机体组的认知、曲柄连杆机构的认知、配气机构的认知、润滑系统的认知、冷却系统的认知、起动系统的认知、点火系统的认知、燃油供给系统的认知。本书图文并茂、通俗易懂，书后配有学习工作页，并把相关视频做成二维码插入书中，可以帮助读者自主学习，有效地提高学习效果。

本书可作为高职高专、中职中专院校汽车类专业教材，也可作为汽车爱好者的参考书。

本书配有电子课件，凡使用本书作为教材的教师均可登录机械工业出版社教育服务网（www.cmpedu.com）注册后免费下载。咨询电话：010-88379375。

图书在版编目（CIP）数据

发动机机械系统构造与检修/刘琳娇，徐道发主编．—北京：机械工业出版社，2019.3

高等职业教育新形态一体化规划教材．汽车机电技术系列

ISBN 978-7-111-62213-0

Ⅰ．①发… Ⅱ．①刘… ②徐… Ⅲ．①汽车－发动机－机械系统－构造－高等职业教育－教材 ②汽车－发动机－机械系统－检修－高等职业教育－教材 Ⅳ．① U472.43

中国版本图书馆 CIP 数据核字（2019）第 044392 号

机械工业出版社（北京市百万庄大街 22 号　邮政编码 100037）
策划编辑：蓝伙金　王淑花　责任编辑：张双国　蓝伙金
责任校对：李　杉　　　　　封面设计：鞠　杨
责任印制：张　博
北京铭成印刷有限公司印刷
2019 年 5 月第 1 版第 1 次印刷
184mm×260mm・8.25 印张・185 千字
0 001—2 000 册
标准书号：ISBN 978-7-111-62213-0
定价：36.00 元

凡购本书，如有缺页、倒页、脱页，由本社发行部调换

电话服务	网络服务
服务咨询热线：010-88379833	机 工 官 网：www.cmpbook.com
读者购书热线：010-68326294	机 工 官 博：weibo.com/cmp1952
	教育服务网：www.cmpedu.com
封面无防伪标均为盗版	金 书 网：www.golden-book.com

出版说明

教育部《关于全面提高高等职业教育教学质量的若干意见》指出，高职教育改革教学方法和手段应融"教、学、做"于一体，强化学生能力培养的教学模式，代表了高职教学改革的发展方向。

教材是教学过程的主要载体，加强教材建设是深化教学改革的有效途径，推进人才培养模式改革的重要条件，也是保障教学基本质量、培养高端技能型人才和技术应用型人才的重要基础。

本套教材是作者团队结合多年的教学经验、德国双元制教育模式和理念创作完成的，借鉴了德国汽车职业教育的理念和培养模式，理论与实践相结合，具有很强的实践性、实用性，实现了德国双元制教育的本土化。

1. 培养目标说明

从职业分析入手，对职业岗位进行能力分解(包括倾听客户抱怨、技术咨询、接修检测，专业工具和仪器设备的操作、故障诊断、维修保养)，确定高职汽车检测与维修技术专业的培养目标是面向汽车"后市场"，培养具有与本专业相适应的水平和良好的职业素养，掌握一定的专业理论知识，具备本专业的理论知识、实践技能以及较强的实际工作能力和经营管理能力，德、智、体、美等方面全面发展的高等技术应用型人才。

（1）一般能力　包括智商和情商，智商包括记忆力、思维能力、逻辑推理能力、空间想象能力、表达能力等；情商包括情绪控制能力、自我控制能力和人际交往能力。

（2）专业技能　专业技能主要通过专业课学习、培训开发转化而成，专业课应以岗位工作任务为依据，以项目为导向、任务驱动为原则构建教学内容，采取"教、学、做"一体化来开展教学活动，并重视通过校企合作、工学交替、顶岗实习等人才培养模式改革来培养和提高专业技能。

① 一般专业能力是应用能力、汽车阅读能力、汽车驾驶能力。

② 核心专业能力是汽车拆装能力、汽车检查能力、汽车修理能力、汽车故障诊断能力、汽车性能检测能力、汽车维修企业管理能力。

（3）综合能力　综合能力是一般能力和专业技能的综合运用能力，是解决复杂问题的能力，既涉及特定的专业综合能力，又涉及跨专业的职业核心能力。

1）专业综合能力。

① 专业地使用有关维修工具、诊断系统、测量仪、信息系统。

② 能按照原理图和工作说明进行操作作业，会选取材料和备件并完成订购过程；熟练地拆卸和安装部件与总成，并对不同部件进行维修。维修时，采取质量保证措施，保持工位的有序(5A)和整洁（5S）。

③ 能独立制订工作计划并予以实施，使工作过程可视化。遵守有关工作、安全规定和环保法规。能够查找资料与文献以取得有用的知识。

④ 能处理优惠和索赔委托任务。

2）专业的职业核心能力。跨专业的职业核心能力包括信息处理能力、沟通能力、组织协调能力和创新能力。

① 信息处理能力，即对信息的识别、整合和加工的能力。

② 沟通能力，即在交往过程中所表现出来的联络与协调能力。

③ 组织协调能力，即从工作任务出发，对资源进行分配、调控、激励、协调以实现工作目标的能力。

④ 创新能力，即创新事物、新方法的能力。近年来我国大力提倡要培养具有创新精神、创新意识和创新能力的人才，有必要在有关课程和教学活动中引导、培养创新创业、技改意识和能力，培养勤用脑、多动手、大胆想、敢突破的创新精神和能力。

2. 资源说明

这套教材是围绕职业教育"教、学、做"3个服务维度开发的，每本教材由主教材和学习工作页组成。主教材部分主要由构造、原理和检修内容组成，课后习题包括填空题、判断题、选择题和问答题以及工作任务步骤题，以此评价学习是否达标；学习工作页部分包括知识工作页和实训工作页两部分，知识工作页注重理论部分的复习和扩展，实训工作页注重流程和方法。

本套教材在内容选材、编写、呈现方式等多方面加强精品化建设，采用彩色印刷，同时配有电子课件、微视频/动画、习题答案等教学资源，为教、学、练提供便利。

纸质教材　包括主教材+学习工作页，采用彩色印刷，融"教、学、做"于一体。

电子课件　供教师上课、学生课前预习和课后复习使用，可以登录机械工业出版社教育服务网 www.cmpedu.com 注册后免费下载。咨询电话 010-88379375。

微视频/动画　课本中的部分重点难点以视频形式给予讲解，读者可以扫描书中二维码链接观看。

机械工业出版社

前言

为了贯彻国务院《关于大力推进职业教育改革与发展的决定》以及教育部等六部委《关于实施职业院校制造业和现代服务业技能型紧缺人才培养培训工程的通知》等文件精神，全面实施"职业教育与培训创新工程"积极推进课程改革和教材建设，为职业教育教学和培训提供更加丰富、多样和实用的教材，更好地满足职业教育改革与发展的需要。按照教育部颁布的《汽车运用与维修专业领域技能型紧缺人才培养培训指导方案》的要求，紧密结合目前汽车维修行业实际需求，编写了这套汽车检测与维修专业高技能型人才教学用书，供高等职业院校汽车检测与维修专业以及汽车运用技术专业教学使用。

本书符合国家对技能型紧缺人才培养培训工作的需要，注重以就业为导向，以能力为本位，面向市场，面向社会，为经济结构调整和科技进步服务的原则，体现了职业教育的特色，满足汽车检测与维修专业以及汽车运用技术领域高技能型人才培养的需要。

本书在组织编写的过程中，认真总结了全国开设汽车专业院校多年来的专业教育经验，注意吸收发达国家（德国）的职教理念和方法，形成了特色。

本书以行业关键技术操作和技术管理的能力要求为核心，确定专业知识和能力培养目标。在内容上选择注重汽车后市场职业岗位对人才的知识、能力要求，力求与相应的职业资格标准衔接，并较多地反映了新知识、新技术、新工艺、新方法、新材料的内容。为学生毕业后能顺利进入汽车后市场岗位奠定良好的基础。

本课程通过对汽车发动机（汽油机和柴油机）的总体构造、主要系统的功能、组成和基本结构的学习，使学生了解和掌握汽车发动机的基本工作原理，同时培养学生对汽车的兴趣和爱好，并为后续专业课程（发动机原理、发动机设计、内燃机燃料供给、内燃机增压、汽车电子学等）的学习和从事相关科研工作打下坚实的基础。

本课程建议 50~60 学时，具体学时分配见下表。

序号	项目	教学任务	学时
1	内燃机类型的认知	1. 内燃机机型号、分类	2
2	发动机的认知	1. 四冲程汽油机、柴油机的工作过程	2
2	发动机的认知	2. 二冲程汽油机、柴油机的工作过程	2
3	发动机机体组的认知	1. 机体组的功用与组成	4
3	发动机机体组的认知	2. 气缸体、气缸	4
4	曲柄连杆机构的认知	1. 活塞连杆组	4
4	曲柄连杆机构的认知	2. 曲轴飞轮组	4
5	配气机构的认知	1. 配气机构的组成、结构	4
5	配气机构的认知	2. 配气机构的检修	4
6	润滑系统的认知	1. 润滑系统的组成、结构	4
6	润滑系统的认知	2. 润滑系统的检修	2
7	冷却系统的认知	1. 冷却系统的组成、结构	4
7	冷却系统的认知	2. 冷却系统的检修	2
8	起动系统的认知	1. 起动系统的组成、结构	2
8	起动系统的认知	2. 起动系统的检修	2
9	点火系统的认知	1. 点火系统的组成、结构	2
9	点火系统的认知	2. 点火系统的检修	2
10	燃油供给系统的认知	1. 燃料供给系统的组成、结构	2
10	燃油供给系统的认知	2. 燃料供给系统的检修	2
合　计			54

　　本书由刘琳娇、徐道发任主编，许建强、陈俊杰任副主编。参加本书编写工作的还有孙立君、伊春雨、姚立泽、曹红玉、耿连才、王江英、侯红宾、孙树森、姚建玲。

　　本书在编写过程中得到了一汽客车有限公司的支持，在此表示衷心的感谢。

　　由于作者水平有限，书中难免有不当之处，恳请广大读者批评指正。

编　者

目录

出版说明
前言
项目一　内燃机类型的认知 ………………… 1
  1.1　内燃机型号的组成 ……………………… 1
  1.2　内燃机型号编制规则 …………………… 2
  1.3　发动机的分类及特点 …………………… 3
  1.4　发动机冷却方式的分类及特点 ………… 3
  1.5　发动机气缸排列方式的分类 …………… 3
项目二　发动机的认知 ……………………… 6
  2.1　四冲程发动机常用术语 ………………… 6
  2.2　四冲程汽油发动机的工作过程 ………… 7
  2.3　四冲程柴油发动机的工作过程 ………… 8
  2.4　二冲程汽油机的工作过程 ……………… 8
  2.5　二冲程柴油机的工作过程 ……………… 9
  2.6　发动机的主要性能与特性 ……………… 9
项目三　发动机机体组的认知 ……………… 11
  3.1　机体组的功用与组成 …………………… 11
  3.2　气缸体的构造 …………………………… 12
  3.3　气缸体的形式 …………………………… 12
  3.4　气缸的结构与特点 ……………………… 13
  3.5　气缸套 …………………………………… 13
  3.6　气缸盖 …………………………………… 13
  3.7　气缸垫 …………………………………… 14
  3.8　油底壳 …………………………………… 15
  3.9　气缸套磨损的原因分析 ………………… 15
  3.10　预防气缸早期磨损的措施 …………… 17
  3.11　气缸体检查与平面度检测 …………… 17
  3.12　气缸盖的拆装与气缸垫的更换 …… 19

项目四　曲柄连杆机构的认知 ……………… 22
  4.1　曲柄连杆机构的作用与组成 …………… 22
  4.2　活塞 ……………………………………… 23
  4.3　活塞环 …………………………………… 25
  4.4　活塞销 …………………………………… 26
  4.5　连杆及连杆轴承 ………………………… 28
  4.6　曲轴 ……………………………………… 30
  4.7　飞轮 ……………………………………… 33
  4.8　曲轴减振器 ……………………………… 35
  4.9　活塞连杆组的拆装 ……………………… 35
项目五　配气机构的认知 …………………… 36
  5.1　配气机构的组成 ………………………… 36
  5.2　配气机构的分类 ………………………… 36
  5.3　配气相位 ………………………………… 38
  5.4　正时机构 ………………………………… 38
  5.5　气门组 …………………………………… 39
  5.6　气门传动组 ……………………………… 41
  5.7　发动机平衡轴 …………………………… 43
  5.8　可变气门正时/升程技术 ……………… 43
项目六　润滑系统的认知 …………………… 46
  6.1　润滑系统的组成 ………………………… 46
  6.2　润滑系统的功用 ………………………… 46
  6.3　润滑系统的润滑方式 …………………… 46
  6.4　润滑油 …………………………………… 46
  6.5　润滑油添加剂 …………………………… 47
  6.6　机油泵 …………………………………… 47
  6.7　机油滤清器 ……………………………… 48
  6.8　机油和机油滤清器的更换 ……………… 48

项目七 冷却系统的认知 …… 50
7.1 散热器 …… 50
7.2 风扇与水泵 …… 51
7.3 节温器 …… 52
7.4 冷却液 …… 53
7.5 冷却液的更换 …… 53
7.6 冷却系统密封性检查 …… 54

项目八 起动系统的认知 …… 55
8.1 起动系统的作用及组成 …… 55
8.2 起动机 …… 55
8.3 起动性能 …… 56
8.4 起动机的检测 …… 56

项目九 点火系统的认知 …… 62
9.1 传统点火系统 …… 62
9.2 点火线圈 …… 62
9.3 分电器 …… 63
9.4 火花塞 …… 63
9.5 电子点火系统 …… 64
9.6 微机控制点火系统 …… 64
9.7 磁电机点火系统 …… 65

项目十 燃油供给系统的认知 …… 66
10.1 燃油供给系统的组成 …… 66
10.2 进、排气系统 …… 67
10.3 电动燃油泵 …… 68
10.4 燃油滤清器 …… 69
10.5 燃油分配管 …… 69
10.6 燃油压力调节器 …… 69
10.7 喷油器 …… 70
10.8 汽油缸内直喷（FSI）技术 …… 70
10.9 涡轮增压技术 …… 71
10.10 废气再循环（EGR）系统 …… 71
10.11 三元催化转化器 …… 72
10.12 柴油机微颗粒过滤 …… 72
10.13 燃油供给系统的检修 …… 73

参考文献 …… 75

项目一 内燃机类型的认知

本项目主要介绍内燃机的分类、型号、组成以及发动机的编制规则、气缸排列方式和冷却方式的分类等。通过完成若干个任务,使学生熟悉内燃机的相关知识。

学习目标

- 掌握内燃机产品名称和型号编制规则。
- 掌握发动机的分类和特点。
- 了解发动机冷却方式的分类。
- 掌握发动机气缸排列方式的分类。

1.1 内燃机型号的组成

内燃机型号由四部分组成,如图 1-1 所示。

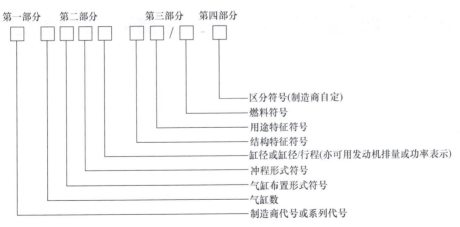

图 1-1 内燃机型号的表示方法

(1)第一部分 由制造商代号或系列代号组成。

(2)第二部分 由气缸数、气缸布置形式符号、冲程形式符号和缸径符号等组成。

(3)第三部分 由结构特征符号、用途特征符号和燃料符号组成。

（4）第四部分　区分符号。同系列产品需要区分时，允许制造商选用适当符号表示。

1.2　内燃机型号编制规则

为了便于内燃机的生产管理和使用，国家标准 GB 725—2008《内燃机产品名称和型号编制规则》中对内燃机的名称和型号作了统一规定。型号编制应优先选用表 1-1～表 1-3 规定的字母，允许制造商根据需要选用其他字母，但不得与表 1-1～表 1-3 规定的字母重复。

表 1-1　气缸布置形式符号

符　号	含　义
无符号	多缸直列及单缸
V	V 形
P	卧式
H	H 形
X	X 形

注：其他布置形式符号见 GB/T 1883.1。

表 1-2　结构特征符号

符　号	结构特征
无符号	冷却液冷却
F	风冷
N	凝气冷却
S	十字头式
Z	增压
ZL	增压中冷
DZ	可倒转

表 1-3　用途特征符号

符　号	用　途
无符号	通用型及固定动力（或制造商自定）
T	拖拉机
M	摩托车
G	工程机械
Q	汽车
J	铁路机车
D	发电机组
C	船用主机，右机基本型
CZ	船用主机，左机基本型
Y	农用三轮车（或其他农用车）
L	林业机械

注：内燃机左机和右机的定义按 GB/T 726 的规定。

（1）汽油机

1）IE65F/P：单缸，二冲程，缸径 65mm，风冷，通用型。

2）492Q/P-A：4 缸，直列，四冲程，缸径 92mm，冷却液冷却，汽车用（A 为区分符号）。

（2）柴油机

1）G12V190ZLD：12缸，V型，四冲程，缸径190mm，冷却液冷却，增压中冷，发电机用（G为系列代号）。

2）R175A：单缸，四冲程，缸径75mm，冷却液冷却（R为系列代号，A为区分符号）。

1.3 发动机的分类及特点

发动机的分类包括汽油机、柴油机、煤气机、代用燃料机，我国目前主要采用汽油机和柴油机。

（1）汽油机的特点 汽油发动机的特点是转速高、质量小、噪声小、起动容易、制造成本低，有四冲程内燃机和二冲程内燃机，目前汽车发动机广泛使用四冲程内燃机。

（2）柴油机的特点 柴油机的特点是压缩比大，热效率高，经济性和排放性能都比汽油机好。

1.4 发动机冷却方式的分类及特点

发动机冷却方式分水冷和风冷两种。

（1）水冷式发动机的特点 水冷式发动机的特点是采用水作为冷却介质。冷却液（水）由水泵输送，流过发动机和散热器。在汽车行驶时，利用迎风气流或通过风扇强制冷却流过散热器的水。冷却液（水）的温度由节温器的阀门调节。水冷发动机的零件与冷却介质间有良好的传热性能，因此现代汽车发动机大多采用水冷却方式。

（2）风冷式发动机的特点 风冷式发动机的特点是利用大流量风扇使高速空气流直接吹过气缸盖和气缸体的外表面。为了有效地降低受热零件的温度和改善其温度的分布，在气缸盖和气缸体的外表面精心布置了一定形状的散热片，确保发动机在最适当的温度范围内可靠地工作。

1.5 发动机气缸排列方式的分类

发动机分为有单缸发动机和多缸发动机。现代车用发动机多采用4缸、6缸、8缸发动机，一般的汽车都是4缸和6缸发动机，汽车发动机的气缸数都是根据发动机的用途和性能要求进行综合权衡后确定的。而V12型发动机、W12型发动机和W16型发动机，只应用于少数的高性能汽车。

发动机的气缸数越多，曲轴转动越均匀，振动就越小，但制造成本增加。多缸发动机气缸排列形式如图1-2所示。

（1）单列式直列发动机 直列式4缸发动机较为常见，一般应用在中低端车型中，尤其是排量在2.5L

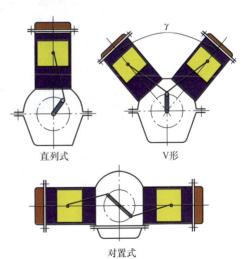

图1-2 多缸发动机气缸排列形式

以下的发动机上。采用这种布局的发动机的所有气缸均按同一角度并排成一个平面,并且只使用了一个气缸盖,同时其缸体和曲轴的结构也要相对简单,如图1-3所示。

(2)双列式V形对置式发动机　V形发动机是将相邻气缸以一定的角度组合在一起,从侧面看像V字形。V形发动机相对于直列发动机而言,它的高度和长度有所减少,这样可以使发动机舱盖更低一些,满足空气动力学的要求,而且V形发动机的气缸是成一个角度对向布置的,可以抵消一部分的振动,但是必须要使用两个气缸盖,结构相对复杂。虽然发动机的高度减低了,但是它的宽度相应地增加了,这样对于固定空间的发动机舱,安装其他装置就不容易了。双列式V形发动机如图1-4所示。

图1-3　直列式4缸发动机

图1-4　双列式V形发动机

(3)多列式H形辐射型水平对置发动机　水平对置发动机相邻气缸相互对立布置(活塞的底部向外侧)两气缸的夹角为180°。多列式H形辐射型水平对置发动机如图1-5所示。

图1-5　多列式H形辐射型水平对置发动机

1)水平对置发动机的优点是可以很好地抵消振动,使发动机运转更为平稳;重心低,车头可以设计得更低,满足空气动力学的要求;动力输出轴方向与传动轴方向一致,动力传递效率较高。

2)水平对置发动机的缺点是结构复杂,维修不方便,生产工艺要求苛刻,成本高。

（4）多列式W形发动机　W形发动机最大的问题是发动机由一个整体被分割为两个部分，在工作时会引起很大的振动。针对这一问题，大众汽车在W形发动机上设计了两个反向转动的平衡轴，让两个部分的振动在内部相互抵消。多列式W形发动机如图1-6所示。

（5）转子式发动机　转子发动机的转子运动特点是，三角转子的中心绕输出轴中心公转的同时，三角转子本身又绕其中心自转。在三角转子转动时，以三角转子中心为中心的内齿圈与以输出轴中心为中心的齿轮啮合，齿轮固定在缸体上不转动，内齿圈与齿轮的齿数之比为3∶2。上述运动关系使得三角转子顶角的运动轨迹（即气缸壁的形状）似"8"字形。三角转子利用转子的顶角把气缸分成3个独立空间，3个空间各自先后完成进气、压缩、做功和排气，三角转子自转1周，发动机点火做功3次。转子发动机与往复式发动机有着很大的差距，由于没有往复式发动机的高压缩比，使得燃烧不够很充分。

图1-6　多列式W形发动机

1）转子发动机的优点是转速高、功率大、重量轻、加速踏板响应快，其输出轴的转速是转子自转速度的3倍（这与往复运动式发动机的活塞与曲轴是1∶1的运动关系完全不同）。

2）转子发动机的缺点是油耗高、污染重、零部件使用寿命短，由于转子的3个顶角负责密封（顶角上也有类似活塞环一样的密封件），并且长期处于无法良好润滑的情况下工作，导致其过早的磨损，并且转子中间的输出轴部位易出现高温问题等。转子发动机如图1-7所示。

图1-7　转子发动机

课程互动

1. 请通过视频演示观察不同发动机气缸排列方式的工作特点。
2. 请说出转子发动机有哪些优点。

项目二

发动机的认知

> **学习目标**
>
> - 掌握汽油发动机的工作过程。
> - 掌握柴油发动机的工作过程。
> - 掌握四冲程汽油发动机的常用术语。
> - 掌握发动机的主要性能与特性。

2.1 四冲程发动机常用术语

发动机工作原理

（1）上止点　上止点指活塞在气缸里做往复直线运动时，活塞向上运动到达的最高位置，即活塞顶部距离曲轴旋转中心最远的极限位置。上止点如图 2-1 所示。

（2）下止点　下止点指活塞在气缸里做往复直线运动时，活塞向下运动到达的最低位置，即活塞顶部距离曲轴旋转中心最近的极限位置。下止点如图 2-1 所示。

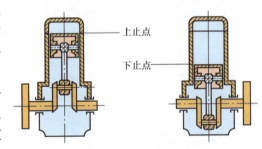

图 2-1　上、下止点

（3）活塞行程　活塞行程指活塞从一个止点到另一个止点移动的距离，即上、下止点之间的距离，一般用 s 表示。对应一个活塞行程，曲轴旋转 180°。活塞行程如图 2-2 所示。

（4）曲柄半径　曲柄半径指曲轴旋转中心到曲柄销中心之间的距离，一般用 R 表示。通常活塞行程为曲柄半径的两倍，即 $s=2R$。活塞行程为曲柄半径的两倍，如图 2-2 所示。

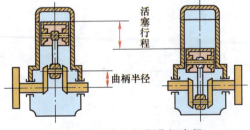

图 2-2　活塞行程和曲柄半径

（5）气缸工作容积　气缸工作容积指活塞从一个止点运动到另一个止点所扫过的容积，一般用 V_h 表示。气缸工作容积如图 2-3 所示。

（6）燃烧室容积　燃烧室容积指活塞位于上止点时，其顶部与气缸盖之间的容积，一般用 V_c 表示。燃烧室容积如图 2-3 所示。

（7）气缸总容积　气缸总容积指活塞位于下止点时，其顶部与气缸盖之间的容积（图 2-4），一般用 V_a 表示。显而易见，气缸总容积就是气缸工作容积和燃烧室容积之和，即 $V_a = V_c + V_h$。

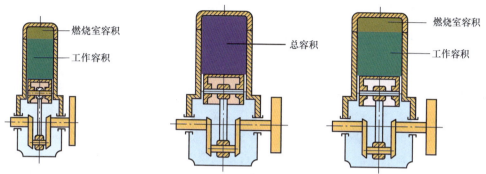

图 2-3　气缸工作容积和燃烧室容积　　　　图 2-4　气缸总容积

（8）发动机排量　发动机排量指多缸发动机各气缸工作容积的总和，一般用 V_L 表示。

$$V_L = V_h i$$

式中，V_h 为气缸工作容积；i 为气缸数目。

（9）压缩比　压缩比表示气体的压缩程度，它是气体压缩前的容积与气体压缩后的容积之比值，即气缸总容积与燃烧室容积之比，一般用 ε 表示。

$$\varepsilon = \frac{V_a}{V_c} = \frac{V_h + V_c}{V_c} = 1 + \frac{V_h}{V_c}$$

式中，V_a 为气缸总容积；V_h 为气缸工作容积；V_c 为燃烧室容积。

2.2　四冲程汽油发动机的工作过程

四冲程汽油发动机的工作过程如图 2-5 所示。

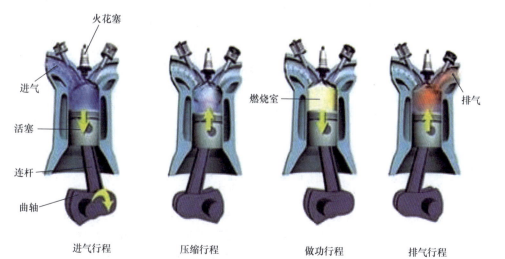

图 2-5　四冲程汽油发动机的工作过程

（1）进气行程　活塞从气缸内上止点移动至下止点，进气门打开、排气门关闭，新鲜的空气和汽油混合气被吸入气缸内。进气终了时，气缸内气体压力约为 0.08～0.09MPa，温度达到 320～380℃。

（2）压缩行程　进气门和排气门都关闭，活塞从下止点移动至上止点，将混合气体压缩至气缸顶部，以提高混合气的温度，为做功行程做准备。压缩终了时，可燃混合气压力可达 0.8～1.5MPa，温度可达 600～750℃。

压缩比越大，压缩终了时气缸内的压力和温度越高，则燃烧速度越快，发动机功率也越大。

（3）做功行程　进气门和排气门都关闭，火花塞将压缩的气体点燃，混合气体在气缸内发生"爆炸"产生巨大压力，将活塞从上止点推至下止点，通过连杆推动曲轴旋转。做功终了时，气体压力降低到 0.35～0.5MPa，气体温度降低到 1200～1500℃，最高压力可达 3～6.5MPa，最高温度可达 2200～2800℃。

（4）排气行程　燃烧后的废气通过排气歧管排到气缸外。进气门关闭、排气门开启，活塞从下止点移动至上止点。排气终了时，气体压力为 0.105～0.12MPa，温度为 900～1100℃。

2.3　四冲程柴油发动机的工作过程

四冲程柴油发动机的每一个工作循环包括进气、压缩、做功和排气过程。

（1）进气行程　与汽油发动机进气行程不同的是，柴油发动机吸入气缸的是纯空气而不是可燃混合气，进气终了时气体压力略高于汽油发动机而气体温度略低于汽油发动机。进气终了时气体压力为 0.085～0.095MPa，气体温度为 310～340℃。

（2）压缩行程　压缩行程压缩的是纯空气，在压缩行程接近上止点时，喷油器将高压柴油以雾状喷入燃烧室，柴油和空气在气缸内形成可燃混合气并着火燃烧。柴油发动机的压缩比比汽油机的压缩比大很多，一般为 16～22。压缩终了时气体温度和压力都比汽油发动机高，大大超过了柴油发动机的自燃温度。压缩终了时，气体压力为 3～5MPa，气体温度为 750～1000℃。

（3）做功行程　柴油喷入气缸后，在很短的时间内与空气混合后便立即着火燃烧。柴油发动机的可燃混合气是在气缸内部形成的。柴油发动机燃烧过程中气缸内出现的最高压力比汽油发动机高得多，可高达 6～9MPa，最高温度可达 1800～2200℃。做功终了时，气体压力为 0.2～0.5MPa，气体温度为 1000～1200℃。

（4）排气行程　柴油发动机的排气行程和汽油机一样，废气经排气管排到大气中去。排气终了时，气缸内气体压力为 0.105～0.12MPa，气体温度为 700～900℃。

2.4　二冲程汽油机的工作过程

第一行程是（压缩+进气）活塞由下止点向上止点运动，第二行程是（做功+排气+换气）活塞由上止点向下止点运动。

（1）第一行程　当活塞位于下止点时，排气孔和进气孔开启，曲轴箱内的混合气经进气孔进入气缸，活塞上行，首先关闭进气孔，再上行关闭排气孔。此后，为压缩行程，直到活塞到达上止点，压缩结束。随着活塞上行，曲轴箱内容积增大，形成一定的真空度，当活塞裙部打开进气孔时，混合气被吸入气缸。上部压缩，下部进气。

（2）第二行程　压缩行程结束前，火花塞点火，混合气燃烧放热对外做功。此时，排气孔和进气孔均关闭，活塞下行关闭进气孔，随着活塞下行，曲轴箱内的容积不断缩小，其中的混合气被预压缩。活塞下行，打开排气孔，排气开始，做功结束，活塞再下行，打开进气孔，曲轴箱内预压缩的混合气经进气孔进入气缸，排出废气。

2.5　二冲程柴油机的工作过程

第一行程（压缩+进气）活塞由下止点向上止点运动。第二行程（做功+排气+换气）活塞由上止点向下止点运动。二冲程柴油机与二冲程汽油机工作行程是一样的。

（1）第一行程　当活塞位于下止点时，进气孔和排气门均开启，随着活塞上行利用扫气泵把空气送入气缸，使气缸换气。当活塞继续上行，进气孔被封闭，排气门也关闭，压缩开始，直到活塞到达上止点。

（2）第二行程　压缩行程结束前，高压柴油喷入气缸，燃烧放热对外做功。直到活塞下行打开排气门，做功结束，开始排气。随着活塞下行，打开进气孔，换气开始，做功占 2/3 行程，排气占 1/3 行程。

2.6　发动机的主要性能与特性

性能指标随发动机曲轴转速变化的关系称为发动机的速度特性，性能指标随发动机负荷变化的关系称为发动机的负荷特性。主要性能指标包括有效转矩 T_e、有效功率 P_e、有效耗油率。发动机性能指标随其运转工况（负荷、转速）变化而变化的关系称为发动机的特性。

（1）发动机性能指标　发动机性能指标有强化指标（升功率、强化系数）、紧凑性指标（比容积、比质量）、环境指标（排放性能、噪声）、可靠性指标、耐久性指标、工艺性指标。发动机性能指标见表 2-1。

表 2-1　发动机性能指标

1	动力性能指标	有效转矩 T_e	燃油消耗量 B
2	经济性能指标	有效功率 P_e	
3	运转性能指标	曲轴转速 n	有效燃油消耗率 b_e

（2）动力性能指标

1）有效转矩。有效转矩指发动机通过曲轴或飞轮对外输出的转矩，通常用 T_e 表示，单位为 N·m。有效转矩是作用在活塞顶部的气体压力通过连杆传给曲轴产生的转矩，并克服了摩擦、驱动附件等损失之后从曲轴对外输出的净转矩。

2）有效功率。有效功率指发动机通过曲轴或飞轮对外输出的功率，通常用 P_e 表示，单位为 kW。有效功率是曲轴对外输出的净功率。发动机的有效功率可以在专用的试验台上用测功器测定，测出有效转矩和曲轴转速，然后用下面公式计算出有效功率。

$$P_e = T_e \frac{2\pi n}{60} \times 10^{-3} = \frac{T_e n}{9550}$$

式中，T_e 为有效转矩，单位为 N·m；n 为曲轴转速，单位为 r/min。其中，转速指发动机曲轴每分钟的转数，单位为 r/min。

（3）速度特性

1）发动机的速度特性指发动机的性能指标 T_e、P_e、b_e 随发动机转速 n 变化的规律，用曲线表示，称为速度特性曲线。

2）发动机外特性指节气门全开时的速度特性。节气门不全开的任意位置所得到的速度特性都称为部分特性。发动机的外特性代表了发动机所具有的最高动力性能。

请说出四冲程发动机常用术语的定义。

项目三

发动机机体组的认知

> **学习目标**
> - 掌握发动机机体组的功用与组成。
> - 掌握气缸体的结构形式和特点。
> - 掌握气缸套磨损的原因。
> - 掌握预防气缸早期磨损的措施。

发动机的功用是传递力完成能量转换（化学能－机械能）、改变运动方式（往复－旋转）。发动机由机体组、活塞连杆组、曲轴飞轮组等组成，如图 3-1 所示。

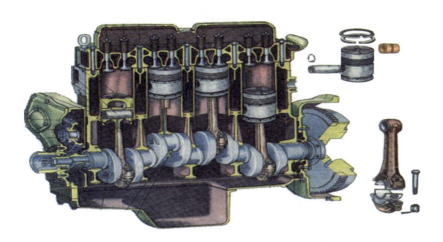

发动机总体构造

图 3-1　发动机的组成

3.1　机体组的功用与组成

（1）机体组的功用　机体组是发动机的骨架、两大机构和发动机各系统的装配基体，形成燃烧室、冷却系统和润滑系统的组成部分。

（2）机体组的组成　机体组由气缸体、气缸、气缸套、气缸盖、油底壳、气缸垫组成，如图3-2所示。

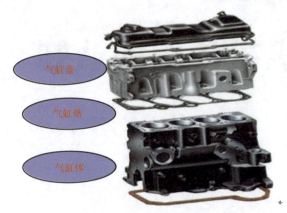

图3-2　发动机机体组的组成

3.2　气缸体的构造

（1）气缸体的特点

1）水冷发动机的气缸体和上曲轴箱常铸成一体。

2）风冷发动机气缸体与曲轴箱分别铸造，且气缸体为单体。

3）气缸体上部的圆柱形空腔称为气缸。

4）下半部为支承曲轴的曲轴箱，其内腔为曲轴运动的空间。

5）在气缸体内部铸有许多加强筋，冷却液套和润滑油道等。

（2）材料和要求　气缸体一般用高强度灰铸铁或铝合金铸成，要求有足够的强度和刚度、耐磨损且耐腐蚀，结构紧凑、重量轻，要求必须易冷却。

3.3　气缸体的形式

气缸体的形式有一般式气缸体、龙门式气缸体、隧道式气缸体，如图3-3所示。

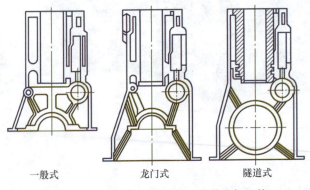

图3-3　一般式、龙门式、隧道式气缸体

（1）一般式气缸体　一般式气缸体的油底壳安装平面和曲轴旋转中心在同一高度。

1）优点：机体高度小，重量轻，结构紧凑，便于加工，曲轴拆装方便。

2）缺点：刚度和强度较差。

（2）龙门式气缸体　龙门式气缸体的油底壳安装平面低于曲轴的旋转中心。
1）优点：强度和刚度都较高，能承受较大的机械负荷。
2）缺点：工艺性较差，结构笨重，加工较困难。
（3）隧道式气缸体　隧道式气缸体曲轴的主轴承孔为整体式，采用滚动轴承。主轴承孔较大，曲轴从气缸体后部装入。
1）优点：结构紧凑，刚度和强度好。
2）缺点：加工精度要求高，工艺性较差，曲轴拆装不方便。

3.4　气缸的结构与特点

气缸呈圆筒形（其内壁称为气缸壁），气缸与缸盖、活塞组成燃烧室，引导活塞作往复直线运动。气缸体在工作中需要保证密封、散热并能承受侧压力。
（1）气缸的排列形式　气缸的排列形式有直列、V型、对置式、星型。
（2）气缸的形式　气缸的形式有整体式、气缸套式。
1）整体式气缸（在气缸体内直接加工气缸来）结构简单，紧凑，刚性好，但铸造困难。
2）气缸套式气缸是在机体中镶入气缸套，可提高缸壁的耐磨性和使用寿命，降低机体成本，加工维修方便。气缸套分为干式和湿式两种，如图3-4所示。

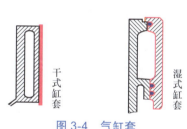

图3-4　气缸套

图3-5　气缸套

3.5　气缸套（图3-5）

气缸套的安装要求、优缺点及应用范围见表3-1。

表3-1　气缸套的安装要求、优缺点及应用范围

名称	干式气缸套	湿式气缸套
安装要求	气缸套与气缸体承孔是过盈连接，安装后，其上端面应与气缸体上平面平齐	下部有密封圈，松配合安装后，其上端面应略高于气缸体上平面0.05~0.2mm
优点	不漏水，机械强度、刚度较高，结构紧凑	缸套容易拆卸更换，冷却效果好（均匀）
缺点	外壁须精加工，制造困难	缸体刚度差，易漏气
应用范围	$d<120mm$的内燃机中应用较多　侧置气门的内燃机	应用广泛，如铝合金气缸体内燃机应用较多

3.6　气缸盖（图3-6）

1）气缸盖的作用：封闭气缸，组成燃烧室。

2）工作条件：高温、高压。

3）气缸盖的材料：一般采用灰铸铁、合金铸铁、铝合金。

气缸盖密封平面需要检查确认密封平面无变形和翘曲，气缸盖密封面的平面度必须小于 0.05mm。气缸盖密封平面的测量方法如图 3-7 所示。

拆解气缸盖

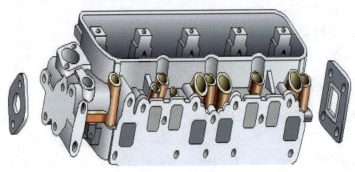

图 3-6　气缸盖

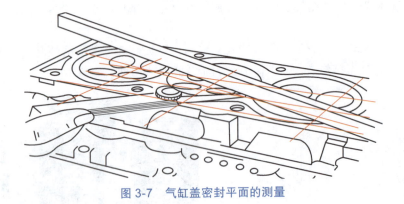

图 3-7　气缸盖密封平面的测量

3.7　气缸垫（图 3-8）

（1）气缸垫的作用　气缸垫的作用是补偿接合面的不平处，保证可靠密封、防漏气、防漏水、防漏油。

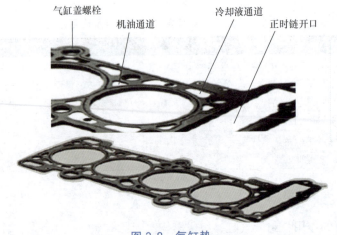

图 3-8　气缸垫

（2）气缸垫的要求

1）在高温、高压、水和油的作用下，不烧损、不变形。

2）要有一定的弹性，保证密封、耐高温。

3）在进气行程期间不吸入渗入空气。

4）保证在压缩行程和做功行程期间不出现压力损失。

5）保证无冷却液或润滑油外流或进入气缸内，拆装方便，使用寿命长。

（3）气缸垫的材料　目前广泛采用金属石棉气缸垫或者采用特种密封胶。有的发动机还采用在石棉中心用编织的钢丝网或有孔钢板为骨架，两面用石棉及橡胶粘结剂压成的气缸垫。

（4）气缸衬垫的装配要点

1）注意气缸衬垫正、反面的区别。

2）注意气缸衬垫各密封面是否有缺陷。

3.8　油底壳

曲轴箱在气缸体下部，是用来安装曲轴的部位，分为上曲轴箱和下曲轴箱。上曲轴箱与气缸体铸成一体，下曲轴箱用来贮存润滑油，并封闭上曲轴箱称为油底壳。

油底壳受力很小，一般采用薄钢板冲压而成，其形状取决于发动机的总体布置和润滑油的容量。油底壳的作用是收集、贮存润滑油，密封曲轴箱，防止脏物进入机体。

（1）油底壳的材料　油底壳常用薄钢板冲压制成，油底壳内装有稳油挡板，以防止汽车颠动时油面波动过大。油底壳底部还装有放油螺塞，通常放油螺塞上装有永久磁铁，以吸附润滑油中的金属屑，减少发动机的磨损。在上下曲轴箱接合面之间装有衬垫，防止润滑油泄漏。油底壳的结构如图3-9所示。

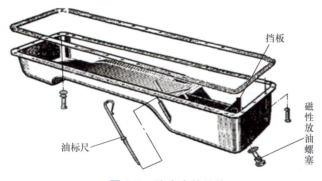

图3-9　油底壳的结构

（2）油底壳的安装要点

1）安装有密封衬垫的油底壳时注意衬垫是否完整或老化。

2）安装无密封衬垫的油底壳时注意涂胶的轨迹和涂胶量。

3）油底壳的螺栓安装力矩一般为10N·m。

3.9　气缸套磨损的原因分析

气缸套的工作环境十分恶劣，造成磨损的原因有很多。通常由于构造原因允许有正常的磨损，但使用和维修不当，就会造成非正常磨损。

1. 构造原因引起的磨损

1) 润滑条件不好, 使气缸套上部磨损严重。气缸套上部邻近燃烧室, 温度很高, 润滑条件很差。新鲜空气与未蒸发的燃料冲刷和稀释, 加剧了上部条件的恶化, 使气缸上部处于干摩擦或半干摩擦状态, 造成气缸上部磨损严重。

2) 上部承受压力大, 使气缸磨损呈上重下轻。活塞环在自身弹力和背压的作用下紧压在缸壁上, 正压力越大, 润滑油膜形成和保持越困难, 机械磨损加剧。在做功行程中, 随着活塞下行, 正压力逐渐降低, 因而气缸磨损呈上重下轻。

3) 矿物酸和有机酸使气缸表面腐蚀剥落。气缸内可燃混合气燃烧后, 产生水蒸气和酸性氧化物, 它们溶于水中生成矿物酸, 加上燃烧中生成的有机酸, 对气缸表面产生腐蚀作用, 腐蚀物在摩擦中逐步被活塞环刮掉, 造成气缸套变形。

4) 进入机械杂质, 使气缸中部磨损加剧。空气中的灰尘、润滑油中的杂质等, 进入活塞和缸壁间造成磨料磨损。灰尘或杂质随活塞在气缸中往复运动时, 由于在气缸中部位置的运动速度最大, 故加剧了气缸中部的磨损。

2. 使用不当引起的磨损

1) 机油滤清器滤清效果差。若机油滤清器工作不正常, 润滑油得不到有效的过滤, 含有大量硬质颗粒的润滑油使气缸套内壁磨损加剧。

2) 空气滤清器滤清效率低。空气滤清器的作用是清除进入气缸的空气中所含的尘土和沙粒, 以减少气缸、活塞和活塞环等零件的磨损。实验表明, 发动机若不装空气滤清器, 气缸的磨损将增加6~8倍。空气滤清器长期得不到清洗保养, 滤清效果差, 将加速气缸套的磨损。

3) 长时间低温运转。长时间地低温运转, 一是造成燃烧不良, 积炭从气缸套上部开始蔓延, 使气缸套上部产生严重的磨料磨损; 二是引起电化学腐蚀。

4) 经常使用劣质润滑油。有的车主为图省事省钱, 常在路边小店或向不法油贩购买劣质润滑油使用, 结果造成缸套上部强烈腐蚀, 其磨损量比正常值大1~2倍。

3. 维修不当引起的磨损

1) 气缸套安装位置不当。在安装气缸套时, 若存在安装误差, 气缸中心线和曲轴轴线不垂直, 会造成气缸套非正常磨损。

2) 连杆铜套孔偏斜。在修理中, 铰削连杆小头铜套时, 铰刀倾斜而造成连杆铜套孔偏斜, 活塞销中心线与连杆小头中心线不平行, 迫使活塞向气缸套的某一边倾斜, 会造成气缸套非正常磨损。

3) 连杆弯曲变形。由于飞车事故或其他原因, 受撞击的连杆会产生弯曲变形, 若不及时校正而继续使用, 会加速气缸套的磨损。

4. 减轻气缸套磨损的措施

1) 正确起动和起步。发动机冷车起动时, 应先使发动机空转几圈, 待摩擦表面得到润滑后再起动。起动后应急速运转升温, 严禁猛踩加速踏板, 待润滑油温度达到40℃时再起步, 起步应坚持挂低速档, 并循序每一档位行驶一段里程, 直到油温正常, 方可转为正常行驶。

2) 正确选用润滑油。要严格按季节和发动机性能要求选用最佳黏度值的润滑油, 不可随意使用劣质润滑油, 并经常检查和保持润滑油的数量与质量。

3）加强滤清器的保养。使空气滤清器、机油滤清器和燃油滤清器保持良好的工作状态，防止机械杂质进入气缸，减轻气缸磨损，延长发动机使用寿命。

4）保持发动机正常工作温度。发动机的正常工作温度应处在 80~90℃。若温度过低，不能保持良好的润滑，会增大气缸壁的磨损，气缸内的水蒸气易凝结成水珠，溶解废气中的酸性气体分子，生成酸性物质，使气缸壁受到腐蚀磨损。

3.10 预防气缸早期磨损的措施

1）新的或大修后的发动机必须经过严格的磨合试运转后才能正式投入作业。

2）定期检查保养空气滤清器、机油滤清器、燃油滤清器，使之处于良好的技术状态下工作，这可防止尘埃杂质由空气、燃油和机油通道中进入气缸，减轻气缸磨损，延长发动机的使用寿命。

3）定期更换油底壳中的润滑油，加入的润滑油必须符合说明书的要求。

4）严禁先起动后加水，否则易使气缸骤冷而裂损。

5）起动发动机时应注意预润滑。

6）起动发动机后预热一段时间。

7）禁止长时间超负荷作业。

8）正确进行起动，并尽量减少起动次数，如停机不超过 15 分钟，不用熄火。

9）严禁急踩加速踏板。

10）不使用不符合要求的活塞环，保持活塞环到规定的开口间隙以减少气缸积炭，按发动机装配工序检查活塞"偏缸"。如不符合规定，应及时查明原因予以排除。

11）定期检查高速气门间隙与供油提前角，使燃油与空气混合均匀，燃烧正常，减少积炭。连杆、曲轴发生弯曲和扭曲时，应及时校正，并保证曲轴的轴向间隙符合技术要求。

12）在进行维护时应注意保持工具及零件的清洁，以免把铁屑、泥砂等磨粒带入气缸而使气缸产生早期磨损。

请说出气缸套磨损的原因和预防措施。

3.11 气缸体检查与平面度检测

1. 气缸体外观的检查

1）检查气缸体有无裂纹、机械损伤、化学腐蚀及变形。如果有造成漏水、漏气的裂缝和损伤，则应及时修理或更换气缸体。

2）检查气缸体的气缸口及排气道处的积炭及污物情况。若有积炭与污物应予以清除干净。清除积炭时，应用软金属刮刀小心地刮去，不允许使用尖锐的金属刀具清除积炭，以免损伤金属表面。

3）气缸体接合平面的检修。气缸体与气缸盖的接合平面的平面度值，如果超过规定的公差范围，就会造成燃气泄漏，导致发动机功率降低、燃油消耗量增加。气缸体接合平面的检修主要包括气缸体上平面、排气歧管接合面和进气歧管接合面的检修。

2. 气缸体的裂纹检查及修理

发动机的气缸体与气缸盖一般是采用灰铸铁、合金铸铁及铝合金铸造的，它的结构形状复杂，其工作是在高温、高压、热负荷和交变载荷下进行的。因此气缸体和气缸盖常出现砂眼和裂纹等现象。

如果气缸体产生裂纹，会导致漏气、漏水或漏油现象。裂纹较大时，将使发动机无法工作。不同车型的缸体及缸盖易裂部位也不尽相同，但大多发生在水套的薄壁处和应力集中的部位。

3. 裂纹的检查方法

缸套和活塞间隙测量

1）直接观察法。通过膨胀水箱的水面是否有油膜，来判断气缸体是否裂纹；可以通过示工阀检查燃烧是否冒白烟或燃烧不良来判断哪个缸出现裂纹；也可以通过曲轴箱的油位判断，如果油位增加，润滑油含水量大，说明气缸体有裂纹。

2）水压法。

① 将气缸盖、气缸体和气缸垫按要求装合在一起。

② 将水压机水管接在气缸体进水口处，并将其他水口封住。

③ 用水压机将水压入水套，压力在 0.3～0.4MPa 时，保持 5min。若气缸盖表面、燃烧室等部位无水珠出现，表明无裂纹。在没有水压机的情况下，可用自来水及气泵将水注入气缸体、气缸盖水套内，然后充入压缩空气。通过液体的渗透可以确定裂纹的部位。

④ 水压试验的压力不能过低，并且应该在彻底清除水垢的情况下进行，否则在清除水垢以后，可能发现新的裂纹。另外，镶配气门座圈、气门导管或气缸套时，若过盈量过大会造成新的裂纹。必要时，在这些工序之后，再进行一次水压试验。

3）锤击法。对缸体还可采取敲击检验方法。将气缸体浸入煤油或柴油中片刻，取出后将表面擦干，撒上一层白垩粉，然后用小锤敲击，在裂纹处会出现油痕。此法适用于金属疲劳裂纹的检验。

4）着色探伤法。检验时，先清洗部件的表面，然后涂一层渗透剂，根据材料选择渗透时间，渗透时间对检验效果有很大影响；若时间太短，小缺陷不能检查出；若时间太长，难以清洗，检验效果差。在清洗后的零件上涂上显像剂，最后在白色衬底上会显出红色裂纹。

4. 气缸体的平面度测量

缸体在使用中，易受超负荷运转或冷却系统、润滑系统故障的影响，产生变形、翘曲或损坏。气缸体变形技术标准：上平面表面最大变形为 0.05mm，进气歧管侧平面为 0.10mm，排气歧管侧平面为 0.10mm。

在测量前必须先清理干净待测的气缸体和量具，以保证测量的准确度。

在清洗干净的气缸体上平面及侧面上，用校直规与塞尺（图 3-10）配合进行检查。用一只手轻轻将直尺的测量边靠在气缸体上平面上，如图 3-11 所示，另一只手用塞尺内 0.05mm 的测量片向直尺和气缸体上平面的缝隙中试插。测量气缸体对称线，要求测每条线 5 个点。

项目三 | 发动机机体组的认知

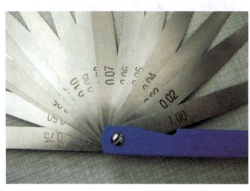

图 3-10 塞尺

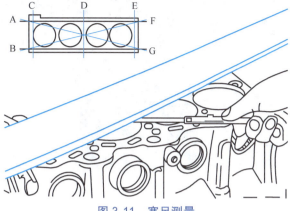

图 3-11 塞尺测量

检查时，应将校直规放在缸体上平面的 6 个纵横交叉位置测量，以得出准确的测量值。测量气缸体进、排气歧管接合面的平面度时，只测量对角线的两个位置。

如果翘曲度大于规定的最大值，则须对气缸体进行修理或更换。

3.12　气缸盖的拆装与气缸垫的更换

（1）气缸盖的拆卸

1）拆卸气缸盖时先将发动机冷却到室温，并清理气缸盖。

2）气缸盖螺栓的拆卸顺序按图 3-12 规定的由外到内的方向进行。

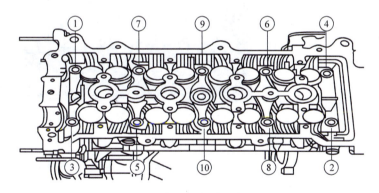

图 3-12　气缸盖螺栓拆卸顺序

3）气缸盖螺栓分 3 次拧松（图 3-13）。

4）拆卸气缸盖（图 3-14）。拆下的气缸盖要放在平整的地方，以防缸盖平面损伤和变形。

5）拆下的螺栓要码放整齐。

（2）气缸垫的更换

1）清除旧的气缸垫，清洁气缸盖及气缸体密封表面。

2）检查气缸盖是否有裂纹。

3）检查气缸盖与气缸体密封表面有无变形。

图 3-13 拆卸气缸盖螺栓　　　　　　　　图 3-14 拆卸气缸盖

用直尺和塞尺沿着密封表面的纵向和横向分别检查，一般要求在气缸体与气缸盖的密封面全长上不平度不大于 0.10mm，在任何 100mm 的长度上不平度不大于 0.03mm，在密封面上不能有任何的凸起或凹陷部位。检查缸套上端面高于气缸体上平面的高度，要在规定的范围（0.05 ~ 0.15mm）内。

4）选用的气缸垫必须是符合要求、质量可靠的原厂配件。

5）安装时要注意其安装方向，基本原则是卷边朝向易修整的接触面或硬平面（图 3-15）。

① 如果气缸垫本身有安装标志，则按安装标志进行安装。

② 无标志时，若缸盖为铸铁，则卷边朝向缸盖；若缸盖为铸铝时，卷边要朝向缸体；当缸盖缸体均为铸铝时，卷边朝向湿式缸套的凸沿。

图 3-15 安装气缸垫

（3）气缸盖装配　因气缸内燃料燃烧做功时压力很高，为保证良好的密封，气缸盖装配必须严格按照技术标准（依据发动机维修手册）进行操作。缸盖螺栓的紧固是保证气缸垫密封质量最重要的一环，此项操作的规范与否，直接影响气缸垫的密封质量。

1）装配前应彻底清洁缸盖螺栓，认真检查螺栓，如果有裂纹、点蚀及颈缩现象，就不能继续使用。用卡尺测量螺栓在自由状态下的长度，如果螺栓的塑性变形量超过 1.5%，就不能继续使用。还有一些发动机生产厂在拧紧缸盖螺栓时是将螺栓扭紧到材料的屈服点，用这种方法可以在缸盖上形成更为一致的夹紧力，以保证气缸垫的可靠密封。因此这种螺栓是按照仅使用一次的标准设计的，拆卸后必须更换。如果使用旧螺栓，扭紧到材料的屈服点时会产生薄弱点，造成气缸垫密封失效。

2）装配时，应在缸盖螺栓杆部和螺纹处涂上润滑油后安装到缸盖上。

3）对于分体式缸盖，在紧固缸盖螺栓前要将分水管及进气管安装到缸盖上（不装垫片），并按规定的力矩紧固，否则可能会由于缸盖侧面不在同一平面上而发生漏水或漏气的故障。

4）按技术规范紧固缸盖螺栓。总的原则是从中间向两侧对称地扩展交叉进行，拧紧顺序如图3-16所示。

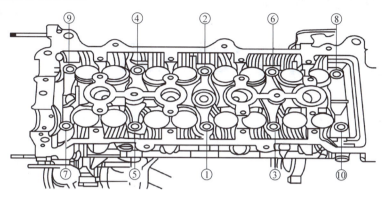

图 3-16 气缸盖螺栓拧紧顺序

5）不同的发动机缸盖螺栓的紧固方法及力矩是不同的，应分2～4次紧固至规定力矩，在发动机热车时再次紧固。如AJR发动机，气缸盖螺栓要分3次拧紧后才能达到规定的预紧力矩。

6）对预紧后的螺栓按规定的顺序依次拧紧规定的角度（技术数据需查发动机维修手册）。

7）由于材料膨胀系数的不同，为了防止受热后缸盖螺栓的膨胀大于铸铁缸盖的膨胀而使压紧度降低，对于铸铁缸盖要在发动机达到正常工作温度时进行第2次紧固，铝合金缸盖由于其膨胀系数大于钢，所以在发动机热起后，压紧力会更大，故只需在冷态下紧固1次即可。

项目四
曲柄连杆机构的认知

> **学习目标**
> - 掌握曲柄连杆机构的功用与组成。
> - 掌握活塞及活塞环的结构。
> - 掌握活塞环间隙的检测方法。
> - 掌握连杆和连杆轴承的结构和检修方法。
> - 掌握曲轴的结构和检修方法。

4.1 曲柄连杆机构的作用与组成

（1）曲柄连杆机构的作用　曲柄连杆机构的作用是把燃料燃烧后气体作用在活塞顶上的膨胀压力转变为曲轴旋转的转矩（将热能转为机械能），是重要的能量转换机构。

（2）曲柄连杆机构的组成（图4-1）　曲柄连杆机构由机体组、活塞连杆组、曲轴飞轮组三部分组成。

曲柄连杆机构

活塞连杆机构组成

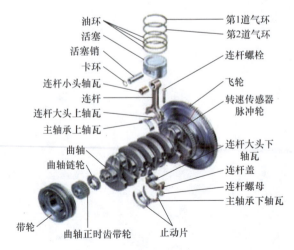

图4-1　曲柄连杆机构的组成

1)活塞连杆组包括活塞、活塞环、活塞销、连杆等。
2)曲轴飞轮组包括曲轴和飞轮。

4.2 活塞

活塞组的组成

活塞(图 4-2)的顶部组成燃烧室,封闭气缸,承受气体压力,从而实现对外做功。

(1)活塞的结构(图 4-3)

1)顶部:有平顶、凹顶、凸顶(图 4-4)等形式。

2)头部:作用是安装活塞环,密封、传热、刮油。

3)裙部:作用是导向、承受侧压力、安装活塞。

(2)活塞的工作条件及要求

1)工作条件:高温、高压、高速、润滑不良。

2)要求:传力可靠(强度和刚度要好)。耐高温、耐高压、耐磨、重量轻、导热性能好、高强度铝合金结构。

图 4-2 活塞

(3)活塞的特点 为了防止活塞敲缸、抱死,保证正常工作,通常采用的结构是断面为长轴垂直于活塞销的椭圆,其特点如下:

1)活塞头部厚,裙部薄。

2)预先做成椭圆形(短轴沿销座方向,长轴垂直销座方向)。

3)预先做成锥形、阶梯形,顶部直径小,从小到大过渡。

4)预先做成销座凹陷形(浅坑 0.5~1mm)。

5)裙部开隔热槽,热膨胀补偿槽。

6)裙部开孔,减小质量(10%~20%),减少膨胀。

7)活塞销相对活塞中心偏心 1~2mm,减小"拍击"。

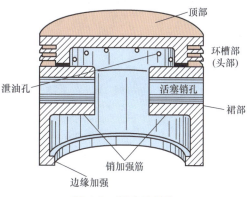
图 4-3 活塞的结构

图 4-4 活塞顶部的形状

(4)活塞裙部 活塞裙部指油环槽以下的部分,起到活塞往复运动的导向作用。有些汽油机活塞在裙部开槽的目的是使裙部具有一定弹性,减少冷态时的配合间隙,热态时有一定退让性,不至于发生拉缸或卡死。柴油机活塞裙部一般不开槽。

（5）活塞的冷却（图4-5）

（6）防止活塞"敲缸"的措施 为了防止活塞"敲缸"，将销轴线向做功行程受侧压力一侧偏移1~2mm，如图4-6所示。

（7）活塞外径的测量 要求在活塞裙部下端面向上方10~15mm的位置进行测量，如图4-7所示。

（8）活塞的装配修理要点

1）确定活塞重量号（图4-8），如A、B、C的区别。

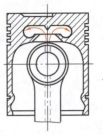
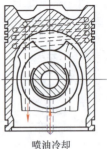

振荡冷却　　喷油冷却

图4-5　振荡冷却和喷油冷却

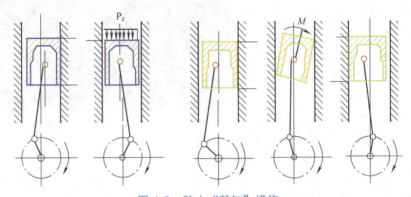

图4-6　防止"敲缸"措施

2）确定活塞分组号，如Ⅰ、Ⅱ、Ⅲ的区别。

3）活塞与缸孔配合间隙为0.075~0.095mm。

4）确定连杆大头瓦孔组号（1、2、3）等于小瓦片组号的选定（1、2、3）。

5）确定活塞连杆组件的重量差距、活塞安装方向、连杆盖的安装方向。

图4-7　活塞外径的测量

活塞分组号　活塞重量号　　活塞重量号　活塞分组号

图4-8　活塞重量号与分组号

4.3 活塞环

活塞环（图 4-9）是用于嵌入活塞槽沟内部的金属环。活塞环分为两种：气环和油环。气环可用来密封燃烧室内的可燃混合气体。油环用来刮除气缸上多余的润滑油。活塞环是一种具有较大向外扩张变形的金属弹性环，它被装配到剖面与其相应的环形槽内。往复和旋转运动的活塞环，依靠气体或液体的压力差，在环外圆面和气缸以及环和环槽的一个侧面之间形成密封。

图 4-9　活塞环

（1）气环　气环分为桶形环、扭曲环、矩形环（平环）、梯形环、锥形环（图 4-10）。材料是合金铸铁，第一道环镀铬，其他环镀锡或磷化。

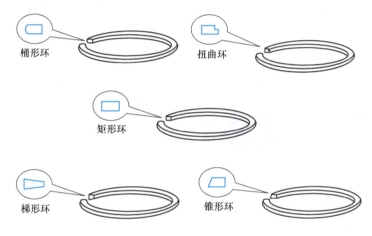

图 4-10　气环的分类

（2）油环　油环分为普通油环（整体环）和组合油环。油环的作用主要是刮油、布油和辅助密封。油环用来刮除气缸壁上多余的润滑油，并在气缸壁上铺涂一层均匀的润滑油膜，这样即可以防止润滑油窜入，又可以减小活塞与气缸的磨损与摩擦阻力。

普通油环一般是由铸铁制成的，其外圆中间切有一道凹槽，在凹槽的底部加工有许多排油孔。组合油环是由刮油片和两个弹性寸环组合而成的（图 4-11）。轴向寸环夹装在第二、第三刮油片之间。

（3）活塞环端隙的检测　活塞环端隙又称为活塞环开口间隙。检测活塞环端隙要求在活塞垂直向下 15mm 处进行测量，活塞环开口间隙极限值为 1.0mm。检测活塞环端隙如图 4-12 所示。

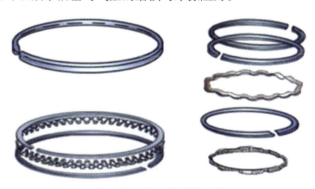

图 4-11　组合油环的结构

（4）活塞环侧隙的检测　活塞环侧隙指活塞环与环槽上下之间的间隙，可用塞尺进行检测，如图 4-13 所示。新活塞环的侧隙为 0.02~0.05mm，磨损极限值为 0.15mm。

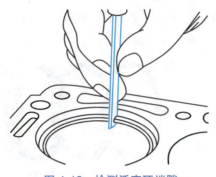
图 4-12 检测活塞环端隙

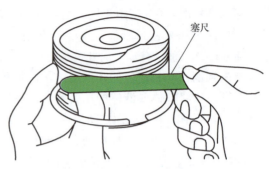
图 4-13 活塞环侧隙的检测

（5）活塞环背隙的检测　活塞环背隙指活塞环的宽度与活塞环槽深度之间的间隙。活塞环背隙的检测如图 4-14 所示。

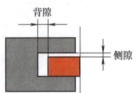

图 4-14 活塞环背隙的检测

活塞环安装

（6）活塞环的安装

1）活塞环平装入气缸套内，接口处要有一定的开口间隙。
2）活塞环应装在活塞上，在环槽中，沿高度方向要有一定的边间隙。
3）镀铬环应装在第一道，开口不要对着活塞顶部的涡流凹坑方向。
4）各活塞环开口互相错开 120°，均不准对着活塞销孔。
5）安装锥形断面活塞环时，锥面应向上。
6）安装扭转环时，倒角或切槽应向上。
7）活塞环上有"TOP"或字母记号的一面应朝向活塞顶部（向上）。

4.4　活塞销

活塞销的内孔形状有圆柱形、两端截锥形和组合形 3 种（图 4-15）。活塞销座孔可将活塞顶部气体作用力经活塞销传给连杆，销座孔通常有肋片与活塞内壁相连，以提高其刚度。销座孔内有安装弹性卡环的卡环槽，卡环用来防止活塞销在工作中发生轴向窜动。

活塞销的作用是连接活塞和连杆小头，把活塞承受的气体压力和惯性力传给连杆。活塞销在高温下周期地承受很大的冲击载荷和润滑条件差的条件下工作。

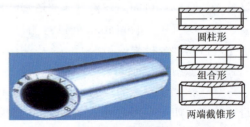

图 4-15 活塞销的作用与结构

1. 全浮式活塞销（图4-16）

全浮式活塞销既不固定于活塞销座，也不固定于连杆小头，热态下二者均为间隙配合，冷态下为过度配合（图4-17），只在销子两端的活塞销座孔中的卡环槽中装两只卡环，防止销子滑出。发动机工作时，活塞销在连杆小头衬套内和活塞销座孔内均能转动。其优点是磨损均匀、磨损量小、弯曲变形量小。

2. 半浮式活塞销

半浮式活塞销只能在活塞销座孔内转动（图4-18）。

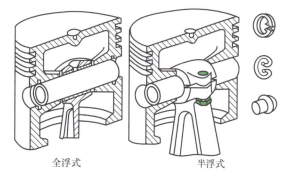

图4-16 全浮式活塞销和半浮式活塞销

图4-17 全浮式活塞与销的安装

图4-18 半浮式活塞与销的安装

3. 半浮式活塞销的安装要点

1）活塞销分组号（A、B、C）等于活塞销孔分组号等于连杆小头分组号（图4-19）。

2）活塞与活塞销装配时，需要将活塞加热到80℃左右，同时需要润滑活塞销。

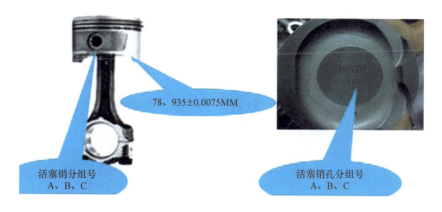

图4-19 半浮式活塞销的安装

4.5 连杆及连杆轴承

连杆轴承也称为连杆瓦,如图 4-20 所示。

1. 连杆的构造

连杆由连杆小头、杆身和连杆大头组成(图 4-21),连杆大头的切口形式有平切口和斜切口两种(图 4-22)。斜切口一般用于柴油机,其定位有止口定位、套筒定位、定位销定位、锯齿定位等定位方法(图 4-23)。

连杆组组成

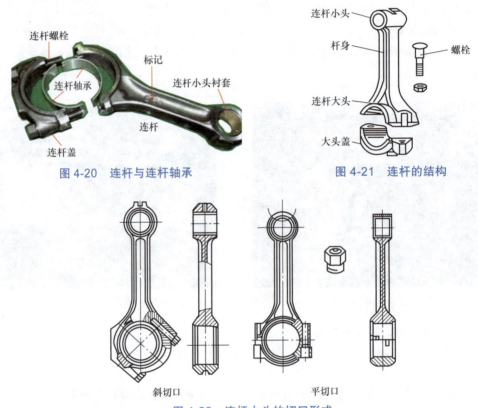

图 4-20 连杆与连杆轴承

图 4-21 连杆的结构

图 4-22 连杆大头的切口形式

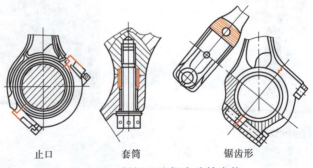

图 4-23 斜切口连杆大头的定位

2. 连杆的作用及要求

1)连杆的作用是连接活塞与曲轴,传递动力,将活塞的往复直线运动变为曲轴的旋转运动。

2）要求：强度高、刚度大、韧性好。

3. 连杆扭曲的影响和检验

（1）连杆扭曲的影响　发动机在运转时，若连杆发生扭曲，会改变活塞销与曲轴中心线的平行度和与气缸中心线的垂直度，使活塞在气缸中产生前、后倾斜而间隙不一致，从而导致活塞连杆组产生偏磨，加速机件的磨损，严重时会产生拉缸。连杆扭曲将造成窜油、窜气，使发动机动力下降，经济性变差，使用寿命缩短。

（2）连杆扭曲的检验

1）清洗活塞、活塞环及气缸等部件后，将不装活塞环的活塞连杆组装入气缸，按规定力矩拧紧连杆螺栓。

2）转动曲轴数圈，使活塞连杆组处于自由状态，连杆小头每边与活塞销座孔间的距离不小于1mm。

3）转动曲轴使活塞处于气缸中部，查看活塞顶前、后两端间隙差，应不大于0.10mm，若大于0.10mm，说明连杆发生扭曲。

4）活塞在上、下止点时与气缸的间隙应一致，若离开上、下止点后间隙差逐渐增加，且在活塞行程的中间位置间隙差最大，在活塞的往复运动中改变偏斜方向，说明连杆一定有扭曲现象。

4. 连杆扭曲的校正

连杆的扭曲超过规定值时，应记住扭曲的方向，并予以校正。连杆扭曲一般使用连杆扭曲校正仪（图4-24）进行校正。在常温下校正连杆，会发生弹性变形和后效作用，即卸去负荷后连杆有恢复原状的趋势。因此，在校正变形较大的连杆时，应将校正后的连杆用喷灯稍许加热，进行稳定处理；在校正变形较小的连杆时，使校正负荷保持一定时间即可。经过校正的连杆，应再次进行检验。如此反复进行，直到符合技术要求为止。

图4-24　连杆扭曲校正仪

注意：

1）必须装好曲轴带轮、起动爪和推力轴承，以防止曲轴轴向移动过大，影响精度。

2）为了拆装、测量方便，可先不装活塞环，将连杆组装入气缸进行连杆校正。

3）气缸、活塞连杆组要保持清洁。

4）当连杆出现既弯曲又扭曲时，应先校正弯曲，再校正扭曲。

5）如果活塞在上、下止点偏缸的方向不一致，说明气缸的中心线与曲轴中心线不垂直，很可能是在镗缸时出现偏差。

5. 连杆轴承的结构和异响原因

连杆轴承的结构如图 4-25 所示。连杆轴承异响产生原因：

1）连杆轴瓦与轴颈磨损严重，使径向间隙过大。

2）连杆轴瓦盖的紧固螺栓松动或折断。

3）轴瓦合金烧毁或脱落。

4）连杆轴颈失圆，使轴颈与轴瓦之间接触不良。

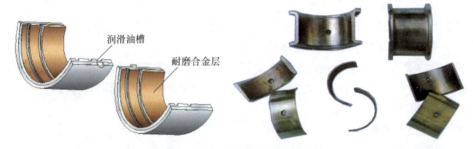

图 4-25 连杆轴承的结构

4.6 曲轴

曲轴是引擎的主要旋转机件，装上连杆后，可将连杆的上下（往复）运动变成循环（旋转）运动。它是发动机上的一个重要的机件，是由碳素结构钢或球墨铸铁制成的，有两个重要部位：主轴颈和连杆颈。主轴颈被安装在缸体上，连杆颈与连杆大头孔连接，连杆小头孔与气缸活塞连接，是一个典型的曲柄滑块机构。曲轴的润滑主要指连杆大头轴瓦与曲轴连杆颈的润滑和两头固定点的润滑。曲轴的旋转是发动机的动力源。也是整个机械系统的源动力。

（1）曲轴的功用　曲轴的功用是驱动内燃机各辅助系统工作，将连杆传来的力转变成转矩对外输出动力控制各气缸工作，驱动配气机构和其他辅助装置。

（2）曲轴的材料及工作条件　曲轴通常是用球墨铸铁、中碳钢/合金钢锻造，表面精加工热处理。工作条件是受力大且受力复杂。

（3）曲轴的结构　曲轴由前端、若干曲拐（主轴颈、连杆轴颈、曲柄）和后端组成（图 4-26）。

（4）曲轴的分类

1）按曲拐连接方式分：整体式与组合式（图 4-27）。

2）按曲轴主轴颈分：全支承与非全支承（图 4-28）。全支承曲轴的主轴颈数比气缸数目多 1 个，即每 1 个连杆轴颈两边都有 1 个主轴颈。非全支承曲轴的主轴颈数比气缸数目少或与气缸数目相等。

图 4-26 曲轴的结构

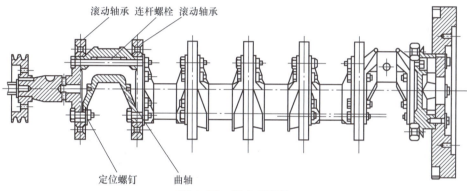

图 4-27 组合式曲轴

（5）曲拐的布置　各缸曲拐须对称于曲轴中心平面，每个工作循环内各缸各做功 1 次，各缸点火间隔角均匀、整机平衡，连续做功的两缸相距尽可能远。

1）曲拐布置做功间隔角 = 720°/i。i 为气缸数，做功间隔角：单缸为 720°，双缸为 360°，4 缸为 180°，6 缸为 120°，8 缸为 90°。

2）各缸工作顺序：4 缸为 1-3-4-2，1-2-4-3；6 缸为 1-5-3-6-2-4，1-4-2-6-3-5；8 缸为 1-8-4-3-6-5-7-2。直列 6 缸四冲程发动机的曲拐布置如图 4-29 所示。

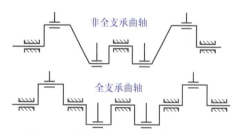

图 4-28 非全支承曲轴与全支承曲轴

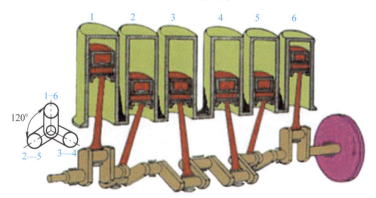

图 4-29 曲拐布置

(6) 曲轴轴向间隙的测量

1) 曲轴轴向间隙的标准值为 0.04~0.24mm。

2) 曲轴轴向间隙的测量如图 4-30 所示。

(7) 曲轴的常见损伤形式

1) 轴颈的磨损：指曲轴主轴颈和连杆轴颈的磨损，且磨损部位有一定的规律性。

图 4-30　曲轴轴向间隙的测量

2) 曲轴的弯扭变形：指主轴颈的同轴度误差大于 0.05mm。

3) 曲轴的裂纹：多发生在曲柄与轴颈之间的过渡圆角处以及油孔处。

(8) 曲轴的检修　曲轴的检修。主要包括裂纹的检验、弯曲变形的检验和磨损的检验。

1) 裂纹的检修。将曲轴清洗后，用磁力探伤器或染色渗透剂进行裂纹的检验。若曲轴检验出裂纹，一般应报废。

2) 曲轴弯曲的检修。检验弯曲变形以两端主轴颈的公共轴线为基准，检查中间主轴颈的径向圆跳动误差。检验时，将曲轴两端主轴颈分别放置在检验平板的 V 形块上，将百分表触头垂直地抵在中间主轴颈上，慢慢转动曲轴一圈，百分表指针所示的最大摆差即中间主轴颈的径向圆跳动误差值。若大于 0.15mm，则应进行压力校正；若低于此值，可结合磨削主轴颈予以修正。

(9) 曲轴弯曲变形的校正　一般可采用冷压校正法或敲击校正法。冷压校正是将曲轴用 V 形块架住两端主轴颈，用油压机沿曲轴弯曲相反方向加压。由于钢质曲轴的弹性作用，压弯量应为曲轴弯曲量的 10 ~ 15 倍，并保持 2 ~ 4min，为减小弹性后效作用，最好采用人工时效法消除应力。

曲轴的人工时效处理：在冷压后，将曲轴加热至 573 ~ 773K 并保温 0.5 ~ 1h，便可消除冷压产生的内应力。曲轴弯曲的检验如图 4-31 所示。

(10) 发动机曲轴主轴承异响的诊断

1) 现象。在发动机突然加速时，有明显而沉重的连续响声，这种响声比连杆轴承响沉重，是"哨、哨"的响声，严重时发动机机体将发生振动。响声随发动机转速提高而增大，随负荷的增大而增大，产生响声的部位在气缸的下部。单缸断火试验时，响声无明显变化，相邻两缸同时"断火"时，响声会明显减弱。机油压力明显降低。

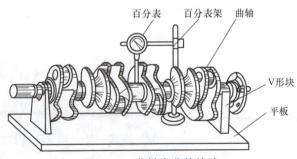

图 4-31　曲轴弯曲的检验

2) 原因。主轴颈与轴承磨损严重，配合间隙过大；主轴承因润滑不良而烧毁。

曲轴弯曲或轴向间隙过大。主轴承盖螺栓松动。

3）检查与判断。

① 使发动机在低中速运转，用手微微抖动节气门和反复加大节气门进行试验，仔细倾听。如果响声随着发动机的转速升高而增大，在抖动节气门时加油的瞬间响声较明显，说明主轴承松旷。如果发动机在怠速或低中速运转时响声较明显、高速时变得杂乱，则有可能是曲轴弯曲。如果在高速时机体有较大的振动，机油压力显著下降，则说明轴承松旷严重或合金脱落。

② 打开加机油口盖，反复变更发动机的转速，如果有明显的响声，则是主轴承响。

③ 在节气门开度不断变化的同时，将听诊器具触及气缸体的曲轴两侧位置。如果听察响声较明显，响声较强的部位可判定为发响的轴承。

④ 单缸"断火"，响声不变，两缸同时"断火"，响声减弱。

⑤ 踏下离合器踏板，响声减弱或消失，则为曲轴轴向间隙过大而产生的响声。

4.7 飞轮

飞轮是装在曲轴后端的具有较大转动惯性的轮状蓄能器（图4-32）。当机器转速增高时，飞轮的动能增加，把能量储存起来。当机器转速降低时，飞轮动能减少，把能量释放出来。飞轮可以用来减少机械运转过程的速度和波动。

图4-32 飞轮

（1）飞轮的功用和工作条件

1）将发动机的部分能量储存起来以克服其他行程的阻力，帮助曲柄连杆机构越过止点，完成辅助行程，克服暂时超负荷，使曲轴旋转均匀、运行平稳。

2）通过起动机驱动飞轮齿圈使发动机起动。

3）通过安装在飞轮上的离合器，把发动机和传动系统连接起来驱动车辆行驶。

4）工作条件：高速旋转，要求平衡性能好，达到动平衡和静平衡。

5）飞轮的平面跳动量和内孔跳动量在一圈内总读数不得超过0.20mm。如果超过0.20mm，需更换飞轮。

（2）飞轮的拆卸

1）在飞轮与曲轴间做好安装位置标记。

2）分3次按对角方向依次松开并卸下6个螺栓。

3）拆下飞轮，如图4-33所示。

4）卸下2个螺栓，拆下后端盖板，如图4-34所示。

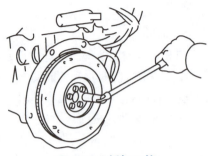
图 4-33　拆卸飞轮

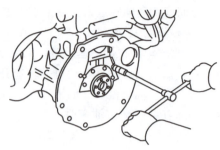
图 4-34　拆卸后端盖

（3）飞轮的检测

1）外观检测。检查是否有过热变色、沟槽、划痕、偏磨等现象。

2）轴向圆跳动检测。检测飞轮壳后端面与曲轴主轴颈轴线的垂直度误差时，拆除飞轮上的离合器总成，将百分表座固定在飞轮端面上，如图 4-35 所示，通过调整百分表架使百分表触点对准飞轮后端面。校对百分表，缓慢转动曲轴，读取表针最大值，即为飞轮后端面与曲轴主轴颈轴线的垂直度误差。

3）内孔跳动检测。

（4）飞轮与离合器的装配要点

1）曲轴与飞轮的拧紧力矩为（88±5）N·m，装飞轮螺栓时应交叉拧紧。

2）分两步拧紧：第一步拧紧力矩为（50±5）N·m，第二步拧紧力矩为（88±5）N·m。

3）离合器的紧固螺栓必须对角均匀地拧紧，紧固力矩为（27±5）N·m。

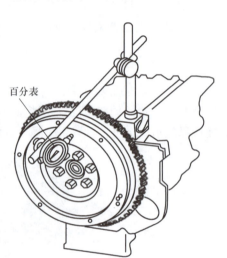
图 4-35　检测端面跳动

4）飞轮的平面跳动量和内孔跳动量，在一圈内总读数不得超过 0.20mm。如果超过 0.20mm，需要更换飞轮。飞轮与离合器螺栓的紧固力矩要求如图 4-36 所示。

图 4-36　飞轮与离合器螺栓的紧固力矩要求

维修提示：安装主轴承螺栓时，按先中间后两端的顺序分 2~3 次均匀地拧紧到规定力矩，并可靠锁紧。主轴承座孔配对加工，不得互换，不得变更方向。

4.8　曲轴减振器

目前在汽车发动机曲轴系统中广泛应用的是橡胶阻尼式单级扭转减振器（图 4-37）。曲轴减振器可以吸收曲轴系统产生的振动能量，从而减少曲轴的振动，提高曲轴的使用寿命。

图 4-37　曲轴减振器

4.9　活塞连杆组的拆装

（1）拆解气缸盖　使用套筒扳手由外到内、按对角顺序、分 3 次松开螺栓，拆下气缸盖。

（2）拆解下曲轴箱　由外到内、按对角顺序、分 3 次松开螺栓，拆下下曲轴箱。

（3）拆解活塞连杆组　分 3 次拆下连杆螺栓；将缸体摇至水平位置，拆下连杆端盖，从气缸中抽出连杆活塞组。注意不要损伤轴瓦。

（4）装配活塞连杆组　将活塞、气缸套涂上油；检查活塞环开口方向；用活塞套安装活塞，注意活塞及连杆端盖安装方向（点向前）；使用规定力矩预紧连杆螺栓。

（5）装配下曲轴箱　由外到内、按对角顺序、分 3 次紧固螺栓。

（6）装配气缸盖　检查并正确安装气缸垫；将气缸盖螺栓涂上机油；按规定力矩和预紧角度，由内向外、按对角顺序、分 3 次预紧气缸盖螺栓。

项目五

配气机构的认知

学习目标

- 掌握发动机配气机构的组成和分类。
- 掌握配气相位的功用。
- 掌握正时机构的拆装方法。
- 掌握气门组的组成与各部件的结构。
- 掌握气门传动组的组成与各部件的结构。
- 掌握凸轮轴的故障与检修方法。
- 了解发动机平衡轴、可变气门正时/升程技术。

5.1 配气机构的组成

配气机构由气门组、气门传动组和气门驱动组组成。气门组由气门、气门导管、气门座、气门弹簧座、气门弹簧、锁片等组成。气门传动组由摇臂、摇臂轴、推杆、挺柱、凸轮轴和正时齿轮等组成。

配气机构组成

5.2 配气机构的分类

1）按气门安装位置的不同，分为气门顶置式配气机构和气门侧置式配气机构。气门顶置式配气机构的气门位于气缸盖上，国产汽车发动机大都采用气门顶置式配气机构，如图5-1所示。气门侧置式配气机构的压缩比受到限制，进、排气门阻力较大，发动机的动力性和高速性均较差，已被淘汰，如图5-2所示。

2）按凸轮轴安装位置的不同，分为凸轮轴下置式配气机构、凸轮轴中置式配气机构和凸轮轴顶置式配气机构3种。凸轮轴下置式配气机构的主要缺点是气门和凸轮轴相距较远，因而气门传动零件较多，结构较复杂，如图5-3所示。凸轮轴中置式配气机构的凸轮轴位于气缸体中部，由凸轮轴经挺柱直接驱动摇臂，如图5-4所示。凸轮轴顶置式配气机构的凸轮轴布置在气缸盖上，如图5-5所示。

图 5-1　气门顶置式配气机构

图 5-2　气门侧置式配气机构

图 5-3　凸轮轴下置式
配气机构

图 5-4　凸轮轴中置式
配气机构

图 5-5　凸轮轴顶置式
配气机构

3）按传动方式的不同，分为齿轮传动式配气机构、带传动式配气机构和链传动式配气机构3种。齿轮传动式配气机构的凸轮轴下置、中置的配气机构大多采用圆柱形正时齿轮传动，如图5-6所示。带传动式配气机构的凸轮轴位于气缸体的中部，由凸轮轴经过挺柱直接驱动摇臂，如图5-7所示。链传动式配气机构的凸轮轴布置在气缸盖上，如图5-8所示。

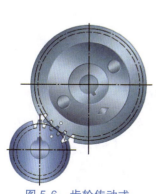

图 5-6　齿轮传动式
配气机构

图 5-7　带传动式
配气机构

图 5-8　链传动式
配气机构

4）按每缸气门数量不同，分为两气门式配气机构和多气门式配气机构两种。两气门式配气机构每缸采用两个气门，即1个进气门和1个排气门的结构，如图5-9所示。多气门式配气机构在很多新型汽车发动机上多采用每缸4个气门的结构，即两个进气门和两个排气门。也有采用3个或5个气门甚至更多气门的形式，如图5-10、图5-11所示。

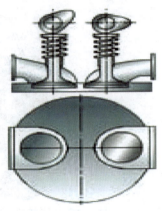

图5-9　两气门式配气机构

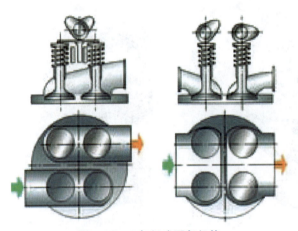

图5-10　4气门式配气机构

图5-11　5气门式配气机构

5.3　配气相位（图5-12）

1）配气相位：以活塞在上、下止点为基准，以曲轴转角表示的进、排气门的开闭时刻和开启持续时间。

2）气门叠开：在排气行程末期，进、排气门同时开启的现象。重叠的曲轴转角即气门重叠角，应合理选择，一般为20°~60°。

3）配气正时：凸轮轴、曲轴正时齿轮装配时，正确的相对位置关系。

5.4　正时机构

1. 正时齿轮

正时齿轮是在机械装置中对完成相关控制功能起到时间尺度定位的齿轮。

正时齿轮的传动方式有链条传动、齿带传

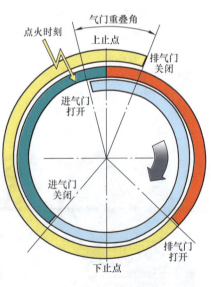

图5-12　配气相位图

动和齿轮传动。

2. 正时带传动

1）优点。轿车发动机均采用正时带传动，这种传动方式具有结构简单、噪声小、运转平稳、传动精度高、同步性好等优点。

2）缺点。其强度较低，经长期使用后易老化、拉伸变形或断裂；该正时带在外罩内，呈封闭状态，不便观察其工作状况。

3. 正时带的拆装

以桑塔纳 2000AFE 型发动机正时带的拆装为例，其拆卸步骤：

1）旋松发电机支承臂的紧固螺栓，拆下发动机上的水泵 V 带。

2）拆下水泵 V 带轮，拆下曲轴 V 带轮。两种带轮的紧固螺栓的拧紧力矩为 20N·m。

3）拆下正时带上护罩，再拆下正时带下护罩。

4）旋松正时带张紧轮紧固螺栓，转动张紧轮的偏心轴使正时带松弛，取下正时带。

5）拆下曲轴正时带轮和中间轴正时带轮。

6）拆下正时带后护罩。

正时带的拆卸

正时带及 V 带的安装步骤：

1）将正时带套在曲轴和中间轴正时带轮上。

2）用螺栓固定曲轴 V 带轮。注意 V 带轮的定位。

3）使凸轮轴正时带轮上的标记与气门罩盖平面对齐。

注意：在转动凸轮轴时，曲轴不可位于上止点位置，以防气门碰坏活塞顶部。

4）使曲轴 V 带轮上的上止点记号和中间轴正时带轮上的记号对齐。

5）将正时带装到凸轮轴正时带轮上。转动张紧轮，以张紧正时带。

6）检查正时带的松紧度。

7）拧紧张紧轮的紧固螺母（紧固力矩为 45N·m），将曲轴转动两圈，检查调整是否正确。

正时带的安装

8）装上曲轴的 V 带轮、正时带上防护罩、正时带下防护罩、V 带轮和 V 带。

9）检查 V 带的张紧度。

10）检查点火正时，必要时进行调整。

5.5 气门组（图 5-13）

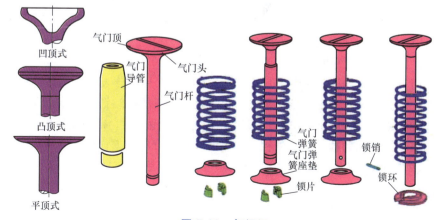

图 5-13 气门组

1. 气门

气门分为进气门和排气门。气门由头部和杆身两部分组成。头部用来封闭进、排气道，杆身用来在气门开、闭过程中起导向作用。气门在高温、润滑困难、高机械负荷的条件下工作，要求耐高温、耐腐蚀、耐磨性，并有足够的强度、刚度。

2. 气门导管和气门座（图5-14）

气门导管是气门的导向装置，对气门起导向作用，并将气门杆上的热量传给气缸盖。气门导管的工作温度较高，润滑较差，一般用含石墨较高的铸铁或铁基粉末冶金制成，以提高自润滑性能。气门座配合气门形成密闭的空间。

3. 气门弹簧

气门弹簧的作用是自动关闭气门，使气门与气门座紧密贴合。气门弹簧与气门弹簧拆装工具如图5-15所示。

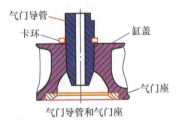

图 5-14　气门导管和气门座

图 5-15　气门弹簧与气门弹簧拆装工具

4. 气门组的检修

气门的缺陷有气门杆磨损、气门工作面磨损、气门杆端面磨损及气门杆弯曲等。

（1）外观检查　若气门有裂纹、破损或熔蚀烧损，须更换气门。

（2）气门尺寸检查　如果气门尺寸超过磨损极限，应更换气门。

（3）气门杆弯曲和气门头部倾斜的检查（图5-16）　气门杆的弯曲可用百分表来测定清除气门积炭并将气门擦净，将气门杆支承在两个距离100mm的V形架上，然后用百分表触头测量气门杆中部的弯曲度。

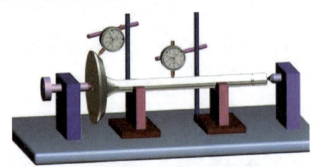

图 5-16　气门杆弯曲与气门头部倾斜的检查

若其值超过0.05mm，应更换或校正气门。在气门头部用百分表进行测量，转动气门头部一圈，读数最大值和最小值之差的1/2即为气门头部的倾斜度误差，许用倾斜度误差为0.02mm。气门杆弯曲或气门头部倾斜超过规定范围时，需更换气门。

（4）气门杆磨损的检查　用外径千分尺测量气门杆的磨损程度，测量部位在气门杆上、中、下的部位（图5-17），若测量的尺寸超过规定范围，应更换。

（5）气门头部工作面磨损的检查　检查气门头部工作面是否有斑点或烧蚀，若有，可用气门磨光机修磨。气门的工作面有磨损起槽、变宽或烧蚀出现斑点、凹陷时，应在光磨机上进行光磨。光磨时，要求磨削量尽量小些，以延长气门使用期限。气门光磨后，其边缘逐渐变薄，工作时容易变形和烧毁，气门头最小边缘厚度：进气门不得小于 0.60mm、排气门不得小于 1.10mm，否则应更换气门。

（6）气门座圈的检修　将气门座圈清理干净并检查工作面。气门座圈工作面磨损变宽超过 1.4mm，工作面烧蚀出现斑点、凹陷时，应进行铰削与修磨。

（7）气门与气门座圈密封性的检查　检查前，将气门与气门座圈清洗干净，在气门锥面上用软铅笔沿轴向均匀地画上若干条线，然后与气门座圈接触。略压紧并转动气门 90°，取出气门，检查铅笔画痕是否被切断。若被切断，说明密封性良好，否则应重新研磨。

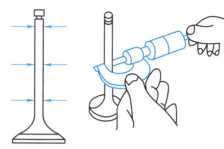

图 5-17　气门杆磨损的检查

（8）气门座圈的镶配　气门座圈工作面低于气门座圈 1.5mm 时，应更换气门座圈。气门座圈修磨前，应确定其最大允许修磨尺寸。确定方法：插入气门并将其压紧在气门座上，测量气门杆尾部与缸盖上边缘的距离，减去进气门、排气门长度的最小尺寸，即为最大允许修磨尺寸。

5.6　气门传动组

气门传动组的作用是将气门按时开启、关闭，保证有足够的开度。

1. 气门挺柱

（1）气门挺柱的类型　有菌形挺柱、杯形挺柱、滚子挺柱、液力挺柱（图 5-18）。

（2）气门挺柱的工作特点

1）气门挺柱是凸轮的从动件，其功用是将来自凸轮的运动和作用力传给推杆或气门，同时还承受凸轮所施加的侧向力并将其传给机体或气缸盖。

2）挺柱工作时，其底面与凸轮接触，由于接触面积小，接触应力较大，因此摩擦和磨损都相当严重。在凸轮不变方向的侧向力作用下，还加重了起导向作用的挺柱侧表面与挺柱口的偏磨。挺柱工作面应该耐摩擦，并应得到良好的润滑。

3）气门挺柱的材料有碳素钢、合金钢、镍铬合金铸铁和冷激合金铸铁等。挺柱可分为机械挺柱和液力挺柱两大类，有平面挺柱和液压挺柱（图 5-19）等多种结构形式。

（3）气门液压挺杆异响故障的诊断与排除

1）故障现象。发动机运转时，出现有节奏的"嗒、嗒"声，在急速时比较明显，但在中速以上时响声会减弱或消失。

2）故障原因。

① 发动机润滑油油面过低，或者机油泵集滤器损坏或破裂，致使有气泡的润滑油进到液压挺杆中，使液压挺杆长度不足，而产生噪声。

② 润滑油压力过低、气门导管磨损过大、液压挺杆失效。

3）诊断与排除。

① 检查润滑油油面，应达到规定范围并排放空气。

② 检查润滑油压力是否正常。急速时，润滑油压力应不低于 30kPa；高速时，应不大 200kPa。

③ 检查机油泵、集滤器，若有损坏或破裂，需更换或焊修。

④ 进气门气门导管的磨损极限应不超过 0.1mm，排气门导管的极限应不超过 1.3mm。若超过，应更换气门导管。

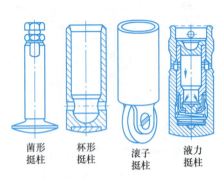

图 5-18　气门挺柱的类型

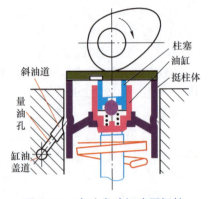

图 5-19　奥迪发动机液压挺柱

注意：

① 液压挺杆不可互换，需要更换时，应更换一组。

② 装配时，挺杆表面应涂润滑油。

③ 更换液压挺杆后，在 30min 内不要起动发动机，在起动发动机初期产生响声是正常的。

2. 凸轮轴

凸轮轴（图 5-20）的作用是控制气门的开启和闭合动作。凸轮轴的工作环境对其在强度和支撑方面的要求很高，其材质一般是特种铸铁，偶尔也有采用锻件的。

（1）凸轮轴的常见故障　凸轮轴的常见故障有异常磨损、异响和断裂，异响和断裂发生之前往往先出现异常磨损的现象。

凸轮轴几乎位于发动机润滑系统的末端，因此润滑状况不容乐观。如果机油泵因为使用

图 5-20　凸轮轴

时间过长等原因出现供油压力不足，或润滑油道堵塞造成润滑油无法到达凸轮轴，或轴承盖紧固螺栓的拧紧力矩过大造成润滑油无法进入凸轮轴间隙，均会造成凸轮轴的异常磨损。

凸轮轴的异常磨损会导致凸轮轴与轴承座之间的间隙增大，凸轮轴运动时会发生轴向位移，从而产生异响。异常磨损还会导致驱动凸轮与液压挺杆之间的间隙增大，凸轮与液压挺杆结合时会发生撞击，从而产生异响。

凸轮轴有时会出现断裂等严重故障，常见原因有液压挺杆碎裂或严重磨损、严重的润滑不良、凸轮轴质量差以及凸轮轴正时齿轮破裂等。

有些情况下，凸轮轴的故障是人为原因引起的，特别是维修发动机时对凸轮轴没有进行正确的拆装。例如拆卸凸轮轴轴承盖时用锤子强力敲击或用螺钉旋具撬压，或安装轴承盖时将位置装错导致轴承盖与轴承座不匹配，或轴承盖紧固螺栓拧紧力矩过大等。

安装轴承盖时，应注意轴承盖表面上的方向箭头和位置号等标记，并严格按照规

定力矩使用扭力扳手拧紧轴承盖紧固螺栓。

（2）凸轮轴的检修　凸轮轴经长期使用后，会出现凸轮轴弯曲、轴颈和凸轮磨损、齿轮磨损或损坏现象。

1）凸轮轴的弯曲检查。可将凸轮轴安装于车床两顶针间，或用 V 形架安放在平板上以两端轴颈为支点，用百分表检查各中间轴颈的偏差。如果最大弯曲量大于 0.025mm，应进行冷压校正修复。

2）凸轮凸角的检修。凸轮凸角的检验可用标准样板进行测量。当凸轮顶端的磨损量大于 1mm（柴油机为 1.2mm）时，应堆焊修复或更换凸轮轴。凸轮的表面如果有击痕、毛刺及不均匀的磨损时，应用凸轮轴专用磨床进行修整，或根据标准样板予以细致的修理。凸轮高度因磨损减少至一定限度时，可进行合金焊条堆焊，然后进行光磨恢复原来的几何形状。

3）凸轮轴颈的圆度及圆柱度误差应不大于 0.03mm，轴颈磨损量应不大于 1mm。在修理时，可用磨小轴颈尺寸和配用相应尺寸的凸轮轴承或用镀铬加大，再磨至与之配合的修理尺寸或标准尺寸。

凸轮轴轴颈的测量

4）凸轮轴装正时齿轮固定螺母的螺纹有损伤，应堆焊修复。正时齿轮键与键槽须吻合，否则应换新键。

5）凸轮轴驱动正时齿轮，其磨损量应不大于 0.5mm。偏心轮表面磨损量应不大于 0.5mm，否则应予以堆焊修复或更换。

（3）凸轮轴颈与凸轮轴轴承的配合间隙　一般为 0.03~0.07mm，最大不得大于 0.15mm，当配合间隙大于 0.15mm 时，应更换新轴承。

5.7　发动机平衡轴

平衡轴技术是一项结构简单并且非常实用的发动机技术。平衡轴可分为单平衡轴和双平衡轴两种。单平衡轴利用齿轮传动方式进行工作，可使发动机的振动得到明显的改善。单平衡轴结构简单、占用空间小，因而在单缸和小排量发动机中应用较为广泛。双平衡轴采用的是链传动方式带动两根平衡轴转动，其中一根平衡轴与发动机的转速相同，可以消除发动机的一阶振动；另一根平衡轴的转速是发动机转速的 2 倍，可以消除发动机的二阶振动效果。

5.8　可变气门正时/升程技术

可变气门正时技术几乎已成为当今发动机的标准配置，为发动机在各种工况和转速下提供了更高的进、排气效率，提升动力的同时，也降低了油耗。对于没有可变气门正时技术的普通发动机，进、排气门开闭的时间都是固定的。可变气门正时和升程技术可以使发动机在各种负荷和转速下自由调整"呼吸"，从而提升动力表现，提高燃烧效率。

VVT（可变气门正时）系统通过在凸轮轴的传动端加装一套液力机构（图 5-21），从而实现凸轮轴在一定范围内的角度调节，也就相当于对气门的开启和关闭时刻进行了调整。内转子与凸轮轴相连，内转子在外转子的推动下旋转，同时内转子在油压的作用下可以实现一定范围内的角度提前和延后。

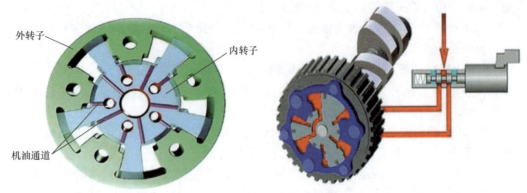

图 5-21 VVT 系统的液力机构

双可变气门升程技术可以在发动机不同转速下匹配合适的气门升程，使得低转速时转矩充沛、高转速时动力强劲。低转速时系统使用较小的气门升程，这样有利于增加缸内紊流提高燃烧速度，增加发动机的低速转矩，而高转速时使用较大的气门升程则可以显著提高进气量，进而提升高转速时的功率输出。双可变气门正时系统如图 5-22 所示。

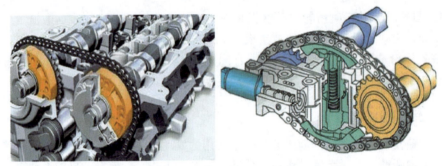

图 5-22 双可变气门正时系统

现在较为成熟的可变气门正时系统有本田 i-VTEC 系统（图 5-23）、奥迪 AVS 可变气门升程系统（图 5-24）、BMW Valvetronic 电子气门系统（图 5-25）、菲亚特 Multiair 电控液压进气系统（图 5-26）等。

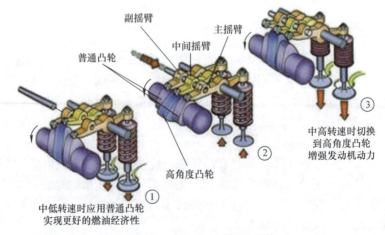

图 5-23 本田的 i-VTEC 系统

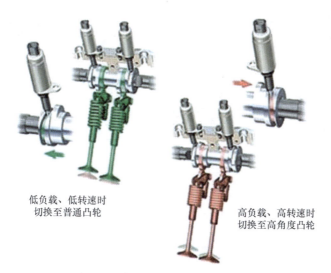

图 5-24 奥迪 AVS 可变气门升程系统

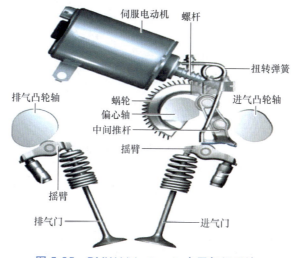

图 5-25 BMW Valvetronic 电子气门系统

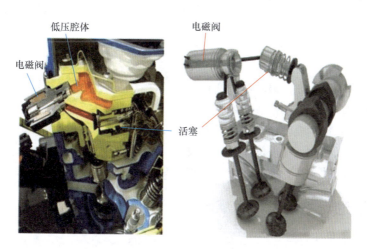

图 5-26 菲亚特 Multiair 电控液压进气系统

项目六 润滑系统的认知

学习目标

- 掌握发动机润滑系统的组成和功用。
- 掌握润滑油的作用与分类。
- 掌握机油泵的分类和工作原理。
- 掌握润滑油和机油滤清器的更换步骤。

6.1 润滑系统的组成

润滑系统一般由机油泵、油底壳、主油路、机油滤清器、阀类、机油散热器、润滑油压力表、温度表、油尺等组成。

润滑系统组成

6.2 润滑系统的功用

润滑系统的功用是在发动机工作时连续不断地把数量足够的洁净润滑油输送到全部传动件的摩擦表面,并在摩擦表面之间形成油膜,实现液体摩擦,从而减小摩擦阻力、降低功率损耗、减轻机件磨损,以达到提高发动机工作可靠性和耐久性的目的。

6.3 润滑系统的润滑方式

(1)压力润滑 主要润滑主轴承、连杆轴承。
(2)飞溅润滑 主要润滑缸壁、凸轮表面等。
(3)油雾润滑 主要润滑气门调整螺钉球头。
(4)掺混润滑 主要润滑摩托车及其他小型二冲程汽油机的摩擦表面。
(5)重力滴油润滑 主要润滑正时齿轮。
(6)定期加注润滑脂 主要润滑风扇和水泵轴、发电机轴、分电器轴。

6.4 润滑油

1. 润滑油作用和特点

润滑系统所用的润滑剂有润滑油和润滑脂两种。润滑油的主要作用是润滑、密封、冷却、清洗等。润滑油的工作环境要求其具有适当的黏度、较高的粘温指数、清净分散性、抗氧化性、酸中和性,较小的腐蚀性和较好的消泡性,并且在高温时有抵抗氧化的能力。

2. 润滑油的分类

国际上广泛采用美国 SAE 黏度分类法和 API 质量分类法,这两种分类方法已被国际标准化组织(ISO)确认。

(1) SAE 黏度分类法　美国汽车工程师学会(SAE)按照润滑油的黏度等级,把润滑油分为冬季用润滑油和非冬季用润滑油。SAE 黏度分类指标指明油料使用的环境温度,号数较大的润滑油黏度较大,适于在较高的环境温度下使用。

(2) API 质量分类法　美国石油协会(API)根据润滑油的性能及其最适合的使用场合,把润滑油分为 S 系列和 C 系列两类。S 系列为汽油机润滑油,目前只有 SJ、SL、SL10、SM 和 SN 级别的润滑油在使用,其他已经废弃。C 系列为柴油机润滑油,目前只有 CD、CF、CF—2 和 CF—4 级别的润滑油在使用,其他已经废弃。

我国发动机润滑油按其使用性能分成若干质量等级,每个质量等级按润滑油黏度大小分成若干黏度等级。发动机润滑油质量等级的规定见 GB/T 28772—2012《内燃机油分类》,黏度等级的规定见 GB/T 14906—1994《内燃机油黏度分类》。

6.5　润滑油添加剂

(1) 润滑油添加剂的作用　润滑油添加剂的作用是提高润滑油原有的性能、增加原来没有的性能、恢复在精炼过程中失去的性能。

(2) 润滑油添加剂的分类　有清净分散剂、抗磨添加剂、抗氧化剂、消泡剂、降凝剂等。

6.6　机油泵

目前发动机润滑系统中广泛采用的机油泵有齿轮式机油泵和转子式机油泵两种。齿轮式机油泵分为外啮合式和内啮合式两种。外啮合齿轮式机油泵的结构和工作原理如图 6-1 所示。转子式机油泵的结构和工作原理如图 6-2 所示。

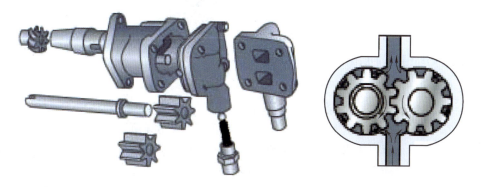

图 6-1　外啮合齿轮式机油泵的结构和工作原理

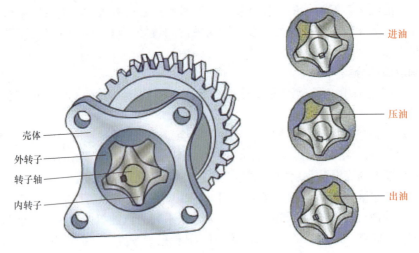

图 6-2 转子式机油泵的结构和工作原理

6.7 机油滤清器

机油滤清器（图 6-3）按在油路中位置的不同，分为全流式、分流式两种；按滤去杂质的大小分为粗滤器和细滤器。机油滤清器的过滤方式有过滤式和离心式两种。

图 6-3 机油滤清器

6.8 机油和机油滤清器的更换

1. 放出机油

1）起动发动机，运转到正常工作温度。

2）打开汽车发动机盖，打开机油加油口盖，如图 6-4 所示。

3）举升车辆到适当位置。

4）拆下放油螺塞，放出机油，如图 6-5 所示。

注意：拧松放油螺塞后，先将接废油的容器放置在放油螺塞下方，再按压着放油螺塞继续旋转，放油螺塞完全松开后，要猛然将螺塞抽出，以防热的机油散落烫手。机油会呈抛物线状排出到较远处，所以接油容器应竖着放在排出方向上。

5）更换放油螺塞密封垫，将放油螺塞装回原位。

图 6-4　打开机油加油口盖

图 6-5　拆下放油螺塞,放出机油

2. 更换机油滤清器

1）将废油接油盒放在机油滤清器正下方。

2）使用机油滤清器扳手拆松机油滤清器（图 6-6）后,用手迅速旋转机油滤清器并取下。

3）取下机油滤清器后将废机油排到接油盒内,用塑料布密封接油盒后进行处理。

4）将机油滤清器加满机油,在新机油滤清器的 O 形环上涂抹机油,如图 6-7 所示。

图 6-6　拆卸机油滤清器

图 6-7　在 O 形环上涂抹机油

5）用手把新的机油滤清器拧到机油滤清器支座上,直到机油滤清器 O 形环与安装表面接触,再用机油滤清器扳手把滤清器拧紧 3/4 转。

3. 加注机油

1）从举升机上放下车辆。

2）将机油从加注口注入,如图 6-8 所示。边注入边确认油量,直至油位达到机油标尺上的满油位标记时停止加注,盖上机油加注口盖。

3）使发动机怠速空转 3min 后停止运转,等 5 min 后拔出润滑油标尺,检查油位是否处在正确位置。

图 6-8　加注机油

4）发动机起动后,机油产生循环流动,液面会下降,需补加油量到机油液面达到标尺上的满油位标记位置。

5）检查完毕后,对机油加注口及油底壳进行清洁。

项目七

冷却系统的认知

学习目标

- 掌握冷却系统的组成。
- 掌握冷却液的作用。
- 掌握冷却液的更换方法。
- 掌握冷却系统密封性的检查。

冷却系统

汽车发动机冷却系统的冷却方式分为风冷和水冷两种。以空气为冷却介质的冷却系统称为风冷系统，以冷却液为冷却介质的冷却系统称为水冷系统。汽车发动机大都采用水冷系统。水冷系统一般由散热器、节温器、水泵、风扇等组成（图7-1）。

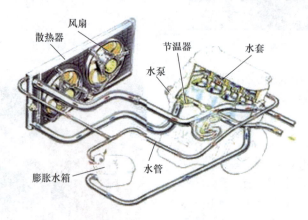

图 7-1 水冷系统的组成

7.1 散热器

散热器负责循环液的冷却，分为进水室、出水室和散热器芯3部分（图7-2）。散热器按其中冷却液的流动方向分为横流式和直流式两种。散热器按其散热器芯的结构形式不同，又分为管片式和管带式两种。

项目七｜冷却系统的认知

图 7-2　散热器总成

7.2　风扇与水泵（图 7-3）

图 7-3　风扇与水泵

风扇的作用是增大流过散热器芯部的空气流量，加速冷却。风扇要求有足够的风量和风压，效率高，噪声小。风扇的工作原理如图 7-4 所示。

冷却液泵的作用是对冷却液加压、保证可靠冷却，其结构简单、尺寸小、工作可靠、制造容易，水封装在叶片前，风扇、水泵同轴安装。冷却液泵的工作原理如图 7-5 所示。

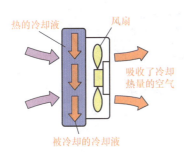
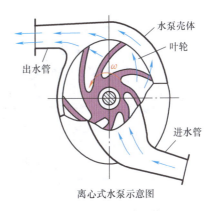

图 7-4　风扇的工作原理　　　　图 7-5　冷却液泵的工作原理

7.3 节温器

节温器是控制冷却液流动路径的阀门,可根据冷却液温度的高低打开或者关闭冷却液通向散热器的通道。节温器有折叠式和蜡式两种,汽车发动机一般使用蜡式节温器。蜡式节温器的结构和外形如图7-6所示。

1)当冷却液温度低于76℃时,主阀门完全关闭,旁通阀完全开启(图7-7a),由气缸盖出来的冷却液经旁通管直接进入水泵,故称小循环。由于冷却液只是在水泵和水套之间流动,不经过散热器,且流量小,所以冷却强度弱。

2)当冷却液温度度在76~86℃时,大、小循环同时进行,当发动机冷却液温度达76℃左右时,石蜡逐渐变成液态,体积随之增大,迫使橡胶管收缩,从而对中心杆下部锥面产生向上的推力。由于杆的上端固定,故中心杆对橡胶管及感应体产生向下的反推力,克服弹簧张力使主阀门逐渐打开,旁通阀开度逐渐减小。

3)当发动机内冷却液温度升高到86℃时,主阀门完全开启,旁通阀完全关闭(图7-7b),冷却液全部流经散热器,即大循环。由于此时冷却液流动路线长、流量大,所以冷却强度较强。

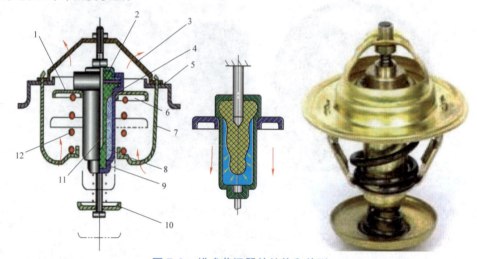

图7-6 蜡式节温器的结构和外形

1—主阀门 2—盖和密封垫 3—上支架 4—胶管 5—阀座 6—通气孔 7—下支架 8—石蜡 9—感应体 10—旁通阀 11—中心杆 12—弹簧

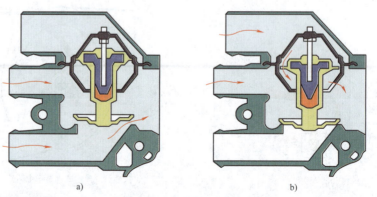

图7-7 蜡式节温器的工作原理

7.4 冷却液

发动机冷却液（图 7-8）是发动机冷却系统中热传导的介质，它既要保证发动机工作时的正常工作温度，也要保证发动机在非工作时的正常待起动状态的温度，及时、适度的冷却。冷却液的作用有防冻、防沸、防腐和冷却。

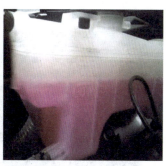

图 7-8　冷却液

冷却液是无色的，给冷却液添加颜色是为了便于检查冷却液的液位，冷却液的颜色有多种，如黄色、红色、橙黄色、绿色，质量好的冷却液颜色饱满并且有芳香的气味。常用的汽车用冷却液的主要成分有：水＋酒精、水＋二甘醇、水＋乙二醇。

冷却液的液位必须保持在膨胀水箱上的最大刻度与最小刻度之间（图 7-9）。如果发现冷却液的液位较低，应及时添加。更换冷却液后的液位检查，需要在发动机达到正常工作温度后进行。

图 7-9　冷却液的检查

7.5 冷却液的更换

1）将车辆停放在工位上，拉紧驻车制动器手柄，将发动机熄火。

2）车辆发动机停转至少 10min 以上，确保冷却液温度充分降低。

3）用厚的垫布压在散热器盖上，用手先逆时针转动 45°，放出冷却系统内的蒸气，再转动 45°，拧下散热器盖。

4）将车辆举升到所需高度，将盛水的容器放在车下相应的放水位置，用于收集冷却液。

5）将散热器和气缸体上的放水开关（排水塞，见图 7-10）拧开。无放水开关时，可拆下散热器与水泵之间的连接软管。装有暖风装置的车辆，应将暖风的温度选择开关调到全开位置。

6）将清水加入冷却系统中，反复清洗几次，每次发动机运行 10min 以上。冷却系统清洗干净后，将冷却系统中的水全部放出。

图 7-10　排水塞的位置

7）关闭放水开关或拧紧排水塞。排水塞的预紧力矩为13N·m。

8）选择合适的冷却液，从散热器或补偿水箱口缓慢加注冷却液（图7-11），加满后盖好盖好加液口盖。

9）起动发动机，排出冷却系统中的空气。再次向散热器中注入冷却液至"FULL或MAX"线，盖好加液口盖。

10）再次起动发动机，检查冷却液有无泄漏。若无泄漏加液完毕。

图7-11 加注发动机冷却液

7.6 冷却系统密封性检查

1）预热发动机到工作温度（80~90℃）。

2）确保在冷却液温度低于90℃的情况下（以防烫伤），打开膨胀水箱盖。

3）将测试帽拧到膨胀容器上，连接手动泵和测试帽。

4）用测试仪对冷却系统施加140kPa的测试压力，如图7-12所示。

5）观察压力及冷却液液位的变化情况。若压力不能保持，则查找泄漏处，排除故障。

6）检查后，拆下测试仪。

图7-12 用密封测试仪检查冷却系统的密封性

1—膨胀水箱盖　2—膨胀水箱　3—测试帽　4—手动泵

项目八
起动系统的认知

学习目标

- 掌握起动系统的作用和组成。
- 掌握起动机的组成。
- 掌握解决低温起动困难的措施。
- 掌握起动机的检测方法。

8.1 起动系统的作用及组成

（1）起动系统的作用　汽车发动机以电动机作为起动动力源，起动系统通过起动机将蓄电池的电能转换成机械能，使静止的发动机起动。

（2）起动系统的组成　起动系统由起动机、蓄电池、点火开关、起动继电器、防盗器、起动控制电路等组成。

起动系统组成

8.2 起动机

起动机主要由电动机部分、传动机构（或称为啮合机构）和开关组成，如图8-1所示。串励直流电动机的作用是产生电磁转矩；传动机构的作用是在起动发动机时使起动机小齿轮与飞轮齿圈啮合，将起动机的转矩传递给发动机曲轴；电磁开关的作用是接通和切断串励直流电动机与蓄电池之间的电路。

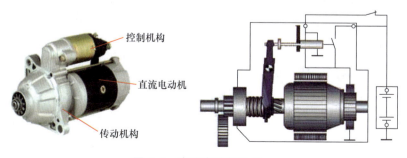

图8-1　直流电动起动机

8.3 起动性能

1. 起动性能的影响因素

影响起动性能的因素有燃烧室结构、燃油品质、混合气形成质量、环境温度、润滑状况、起动转速等。

起动阻力包括摩擦阻力（机油的粘温特性）、气体压缩阻力、机件加速运动的惯性阻力。注：柴油机起动阻力 > 汽油机起动阻力。

对于柴油机，起动转速主要取决于压缩终了时的温度，另外与散热损失、漏气损失、环境温度、机型等有关；对于汽油机，起动转速与压缩终了时的温度、混合气成分、点火装置有关。

2. 低温起动困难的原因

低温起动困难的原因有润滑油、脂黏度增加甚至凝固，起动阻力剧增；压缩终了时缸内温度、压力下降，混合气着火困难；蓄电池能量和起动机功率减小，达不到起动转速。

3. 解决低温起动困难的措施

1）使用低温起动助燃剂（图8-2）。
2）使用电热塞和预热塞（图8-3）。
3）减压起动。起动减压机构如图8-4所示。

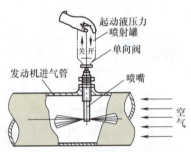

图 8-2 低温起动助燃剂

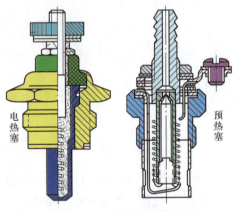

图 8-3 电热塞和预热塞

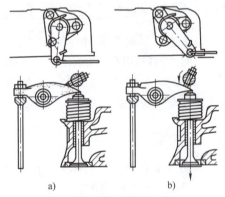

图 8-4 起动减压机构

8.4 起动机的检测

1. 起动机的不解体检测

1）吸引线圈性能测试。拆下起动机开关接线柱的磁场引线头，将蓄电池负极接起动机壳及开关接线柱，正极接吸引线圈和保持线圈的中性接头，如图8-5所示。接通电源后，观察吸引线圈，应能迅速使起动齿轮推至工作位置，否则表明其功能不正常。

2）保持线圈性能测试。断开起动机开关接线柱的导线，如图8-6所示，若起动齿轮能保持在此位置而不缩回，说明保持线圈良好。

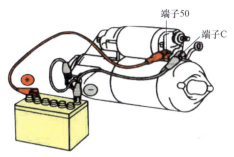

图 8-5　电磁开关吸引线圈功能测试

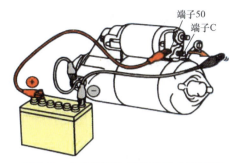

图 8-6　电磁线圈和保持线圈功能测试

3）驱动齿轮复位测试。断开起动机壳体导线和中性接头，若起动齿轮迅速回位，说明电磁开关复位弹簧良好。

4）驱动齿轮间隙的检查。按图 8-7 连接蓄电池和电磁开关，按照图 8-8 进行驱动齿轮间隙的测量。

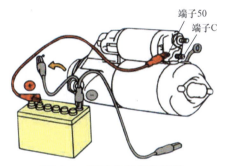

图 8-7　驱动齿轮复位试验

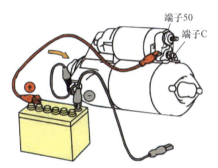

图 8-8　驱动齿轮间隙检查时的接线

注意：测量时先把驱动齿轮推向电枢方向，消除间隙后测试驱动齿轮端和止动套圈间的间隙，如图 8-9 所示，并和标准值进行比较。

5）空载测试。

① 固定起动机。

② 按着图 8-10 所示连接导线。

③ 检查起动机，应该平稳运转，同时驱动齿轮应移出。

④ 读取电流表的数值，应符合标准值。

⑤ 断开端子 50 后，起动机应立即停止转动，同时驱动齿轮缩回。

图 8-9　驱动齿轮间隙的测量

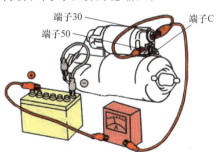

图 8-10　起动机的空载测试

2. 起动机的解体检测

1）定子绕组的检测。

① 磁场绕组搭铁的检查：用万用表测量起动机接线柱和外壳间的电阻，阻值应为无穷大，否则为搭铁故障。也可用 220V 的交流试灯进行检测。

② 磁场绕组断路的检查：用万用表测量起动机接线柱和绝缘电刷间的电阻（图 8-11），阻值应很小，若为无穷大，则为断路。

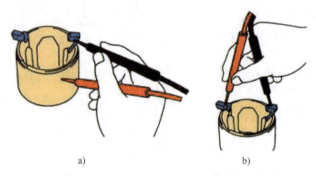

图 8-11　磁场绕组及其外壳的检查

③ 磁场绕组短路的检查：用蓄电池 12V 直流电源正极接起动机接线柱，负极接绝缘电刷，将螺钉旋具放在每个磁极上，检查磁极对螺钉旋具的吸力，应相同。若某磁极吸力弱，则为匝间短路。磁场绕组有严重搭铁、短路或断路时，应更换新件。

2）转子的检测。

① 电枢绕组搭铁的检查：用万用表测量换向器和铁心（或电枢轴）之间的电阻，如图 8-12 所示，应为无穷大，否则为搭铁故障。

② 电枢绕组断路的检查：目测电枢绕组的导线是否甩出或脱焊，用万用表两触针依次与两相邻换向器铜片接触，如图 8-13 所示，所测电阻值应一样。如果读数不一样，则说明断路。

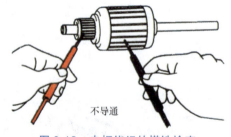

图 8-12　电枢绕组的搭铁检查

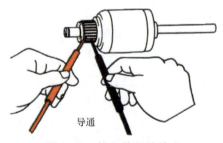

图 8-13　换向片间的检查

③ 电枢绕组短路的检查（图 8-14）：把电枢放在电枢检验器上，接通电源，将薄钢片放在电枢上方的线槽上，转动电枢。薄钢片应不振动，若薄钢片振动，表明电枢绕组短路。

④ 换向器圆跳动及最小直径检查（图 8-15、图 8-16）。换向器圆度误差（即跳动量）不应超过 0.03mm。

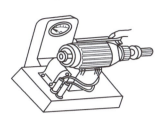 

图 8-14　电枢绕组短路的检查

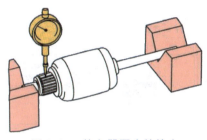 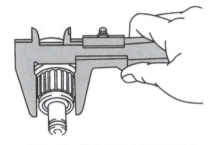

图 8-15　换向器圆度的检查　　　图 8-16　换向器最小直径的检查

⑤ 电枢轴跳动量及换向器片深度检查（图 8-17、图 8-18）。电枢轴跳动量不应大于 0.08mm，否则应进行校正或更换电枢。换向器片应洁净，无异物。绝缘片的深度为 0.5~0.8mm，最大深度为 0.2 mm，若太深应使用锉刀进行修整。检查时，应和标准值进行比较，若测得的直径小于最小值，应更换电枢。

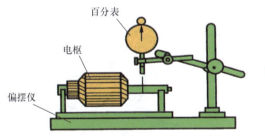 

图 8-17　电枢轴跳动量的检查　　　图 8-18　换向器片深度的检查

3）电刷、电刷架及电刷弹簧的检查。

① 电刷外观检查：电刷在电刷架内活动自如，无卡滞，不歪斜。

② 电刷磨损检查：用卡尺测量电刷高度，目测电刷与换向器的接触面积，均应符合标准，如图 8-19 所示。

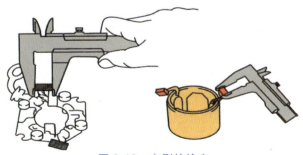

图 8-19　电刷的检查

③ 电刷架间的绝缘检查:"+"电刷架 A（图 8-20）和"-"电刷架 B 之间不应导通。若导通，应进行电刷架总成的更换。

④ 电刷弹簧的检查（图 8-21）：若测得弹簧的张力不在规定的范围之内，要更换电刷弹簧。

 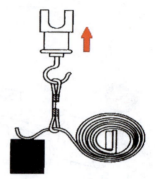

图 8-20　电刷架的检查　　　　图 8-21　电刷弹簧的检查

4）传动机构的检修。

① 单向离合器的检查：将单向离合器及驱动齿轮总成装到电枢轴上，如图 8-22 所示。握住电枢，当转动单向离合器外座圈时，驱动齿轮总成应能沿电枢轴自由滑动，如图 8-23 所示。

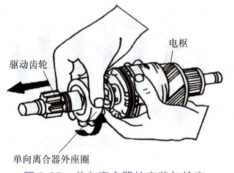 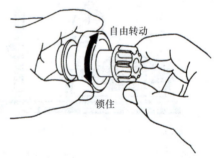

图 8-22　单向离合器的安装与检查　　　　图 8-23　单向离合器的其他检查

② 检查小齿轮和花键及飞轮齿圈：目测离合器齿轮及离合器内花键槽有无严重磨损，若磨损严重，应予以焊修或更换。

③ 离合器最大转矩的测量：将单向离合器齿轮用布包好夹在台虎钳上，将扭力扳手的头插入啮合器的花键内，按其工作方向扳转扭力扳手，应能承受制动试验时的最大力矩而不打滑。

5）电磁开关的检修。

① 检查触点、接触盘：目测触点、接触盘，若有轻微烧损，可用细砂纸进行打磨。

② 电磁开关在解体情况下的检查项目和方法如图 8-24～图 8-27 所示。

项目八 | 起动系统的认知

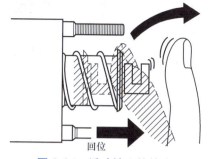

图 8-24　活动铁心的检查

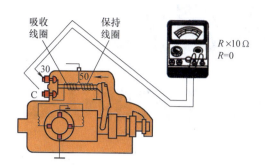

图 8-25　电磁开关接触片的检查

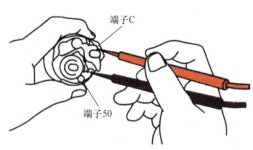

图 8-26　吸引线圈的断路检查

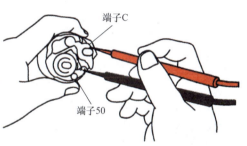

图 8-27　保持线圈的断路检查

项目九

点火系统的认知

学习目标

- 掌握点火系统的基本功用和分类。
- 掌握传统点火系统的组成及各部分的结构。
- 掌握电子点火系统的分类。
- 掌握微机控制点火系统的工作原理。

点火系统的基本功用是在发动机各种工况和使用条件下，在气缸内适时、准确、可靠地产生电火花，按工作顺序定时供应足够能量的高压电给火花塞，产生电火花点燃混合气。发动机点火系统按照组成和产生高压电方式的不同，可以分为传统点火系统、电子点火系统、微机控制点火系统和磁电机点火系统。

点火系统组成

9.1 传统点火系统

传统点火系统以蓄电池和发电机为电源，借点火线圈和断电器将电源提供的低压直流电转变为高压电，再通过分电器分配到各缸火花塞，使火花塞两极间产生电火花，点燃可燃混合气。传统点火系统由蓄电池、点火开关、分电器、点火线圈、附加电阻、高压导线、火花塞等组成，如图9-1所示。

9.2 点火线圈

点火线圈是将蓄电池或发电机输出的低压电转变为高压电的升压变压器，由初

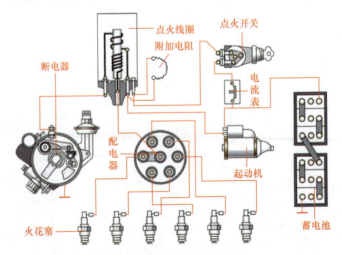

图 9-1 传统式点火系统的组成

级绕组、次级绕组和铁心等组成。按其磁路的形式，可分为开磁路点火线圈和闭磁路点火线圈两种。

9.3 分电器

分电器主要由断电器、配电器、电容器和点火提前调节装置组成，如图 9-2 所示。

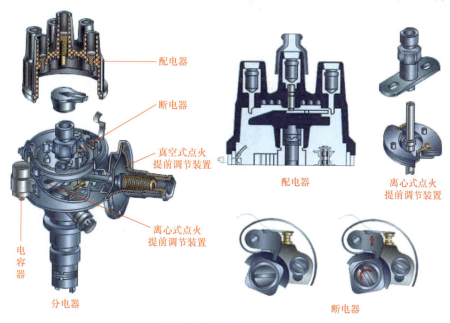

图 9-2 分电器的结构

（1）断电器　断电器由一对触点和凸轮组成。其作用是周期地接通和断开一次电路，使一次电流发生变化，以便在点火线圈中感应生成二次电压。

（2）配电器　配电器由分火头和分电器盖组成，分火头上端有 1 个金属导电片，随分电器轴一起旋转，其作用是将点火线圈产生的高压电按发动机的工作顺序依次分配至各缸火花塞上。

（3）电容器　电容器与断电器触点并联，主要有两个作用：保护触点和加速断电。

（4）点火提前调节装置　点火提前调节装置位于分电器下部，由离心式点火提前调节装置和真空式点火提前调节装置组成。

9.4 火花塞

火花塞（图 4-3）是汽油发动机点火系统的重要组成部件。其击穿电压或穿透电压的影响因素有电极间的距离、缸内压力和温度、工作混合气成分、火花塞电极的温度和形状。

火花塞由螺母、联接螺纹、螺杆、绝缘瓷芯、导电体、中心电极、侧电极等组成（图9-4），按热值类型分为冷型、中型和热型 3 种。

图 9-3 火花塞的形状

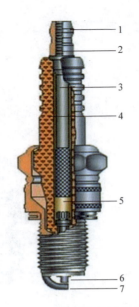

图 9-4 火花塞的结构

1—螺母 2—联接螺纹 3—螺杆 4—绝缘瓷芯 5—导电体 6—中心电极 7—侧电极

传统点火系统火花塞间隙一般为 0.4~0.6mm（现代点火系统火花塞间隙一般为 0.9～1.1mm），间隙过小、火花微弱，易产生积炭而漏电。

9.5 电子点火系统

电子点火系统与传统点火系统不同之处是借点火线圈和由半导体器件（晶体管）组成的点火控制器将电源的低压直流电转变为高压电。

电子点火系统的分类：按有无触点分，有有触点电子点火系统（半导体辅助点火系统）和无触点电子点火系统两种；按有无分电器分，有有分电器电子点火系统和无分电器电子点火系统两种；按点火信号产生的方式分，有磁感应式、光电式和霍尔效应式 3 种。

9.6 微机控制点火系统

微机根据曲轴位置传感器提供的曲轴位置信号，判断出发动机各缸的活塞位置，并由这些脉冲信号计算出发动机转速值，再通过燃油喷射系统的节气门位置传感器和空气流量传感器确定出负荷的大小，可对发动机的运行工况做出较精确的判断。根据发动机转速和负荷的大小，微机从存储单元中查找出对应此工况的点火提前角和点火一次电路导通时间（闭合时间），由这些数据对电子点火器进行控制，从而实现点火系统的精确控制。另外，微机系统还可以根据其他影响因素对这两个参数进行修改，实现点火系统的智能控制。

微机控制无分电器点火系统完全取消了传统的分电器，没有配电器（分火头和分电器盖），由微机 ECU 发出点火信号，点火线圈产生的高压电直接送到火花塞。

无分电器点火系统的点火方式有同时点火方式（两缸共用 1 个点火线圈）和独立

点火方式（1缸1个点火线圈）两种。

点火提前角的大小会对发动机油耗、功率、排放污染、爆燃、行驶特性等产生较大的影响。影响点火提前角的两个主要因素是发动机的转速和负荷。根据汽车实际运行工况及不同工况的要求，在实验室中可获得各种工况下的最佳点火提前角，并将此数据储存在微机的存储器中。如已知转速和负荷，就可以从图中找出相应的最佳点火提前角。

9.7 磁电机点火系统

磁电机点火系统由磁电机本身直接产生高压电，不需要另设低压电源。与传统点火系统相比，磁电机点火系统在发电机中、高转速范围内产生的高压电较高、工作可靠，但在低转速时产生的电压较低，不利于发电机起动。磁电机点火系统多用于主要在高速、满负荷状态下工作的赛车发动机。

项目十

燃油供给系统的认知

学习目标

- 掌握燃油供给系统的组成。
- 掌握燃油供给系统各组成部分的结构与作用。
- 了解汽油缸内直喷技术和涡轮增压技术。
- 掌握燃油供给系统的检修方法。

10.1 燃油供给系统的组成

燃油供给系统由燃油箱、燃油泵、燃油滤清器、燃油分配管、燃油压力调节器、喷油器、燃油管等组成，如图 10-1 所示。

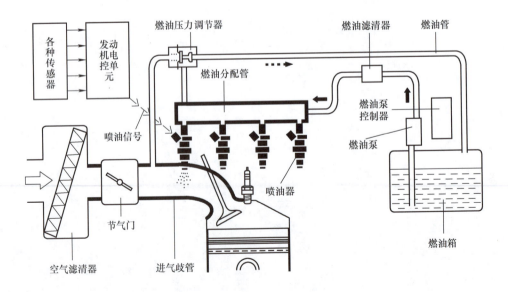

图 10-1 燃油供给系统的组成

10.2 进、排气系统

1. 进气系统

进气系统由空气滤清器和进气管道等组成，如图10-2所示。

（1）空气滤清器

1）功用：空气滤清器的功用是把空气中的尘土分离出来，保证供给气缸足够的清洁空气。

2）要求：滤清能力强，进气阻力小，维护保养周期长，价格低廉。

3）形式：按滤清方式分有惯性式、过滤式、综合式3种；按是否有机油分有干式、湿式两种。

（2）进气管道　进气管道的功用是将可燃混合气或纯空气引入气缸，对于多缸发动机，还要保证各缸进气量均匀一致。进气歧管的结构包括进气歧管加热装置、谐振进气歧管、可变进气歧管等。谐振与增压进气系统要求进气阻力小、充气量大。可变进气系统可以改变歧管长度（图10-3），要求进气阻力小、充气量大。

进气系统组成

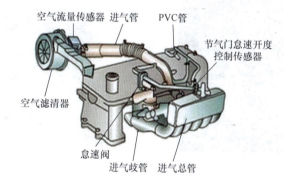

图 10-2　进气系统

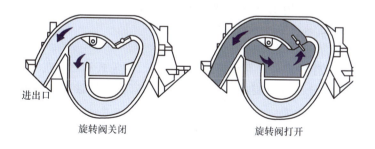

图 10-3　可变进气系统

2. 排气系统

气缸内废气经排气门进入排气歧管，再从排气歧管进入排气管、三元催化转化器和消声器，最后由排气管排到大气中，如图10-4所示。

排气系统组成

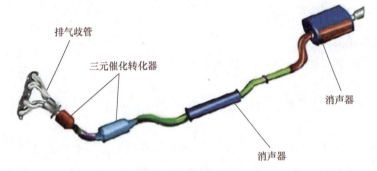

图 10-4 单排气系统

V型发动机中采用两个排气系统，即每个排气歧管各自连接1个排气管、三元催化转化器、消声器和排气尾管（图 10-5）。双排气系统降低了排气系统内的排气压力，使发动机排气更为顺畅，能够排出更多的废气，使进气更充足，有利于提高发动机的动力性能。

图 10-5 双排气系统

10.3 电动燃油泵

(1) 电动燃油泵的作用　电动燃油泵的作用是从燃油箱中吸出燃油，将油压提高到规定值，然后通过供给系统送到喷油器。

(2) 电动燃油泵的分类

1) 按结构与工作原理分，有滚柱式、涡轮式、齿轮式和叶片式。

2) 按安装位置分，有内装式和外装式，目前安装在燃油箱内部的以内置式油泵使用较多。

(3) 电动燃油泵的结构　燃油泵的结构如图 10-6 所示。

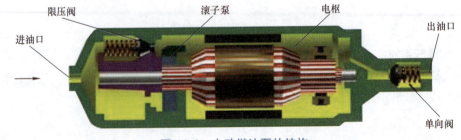

图 10-6 电动燃油泵的结构

10.4 燃油滤清器

燃油滤清器的作用是滤清燃油中的杂质和水分，防止燃油系统堵塞，减小机件磨损，保证发动机正常工作。燃油滤清器的结构如图 10-7 所示。

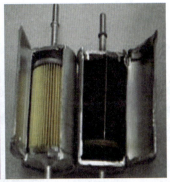

图 10-7　燃油滤清器的结构

10.5 燃油分配管

燃油分配管（图 10-8）的作用是将燃油均匀等压地输送给各缸喷油器。

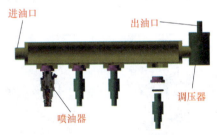

图 10-8　燃油分配管

10.6 燃油压力调节器

燃油压力调节器（图 10-9）的作用是通过油压和进气负压的共同作用，使燃油分配管中的油压与进气歧管中的气压之差保持在 250~300kPa 不变，以保证喷油器喷油量的大小。

图 10-9　燃油压力调节器

10.7 喷油器

（1）喷油器的作用　根据发动机ECU发出的喷油脉冲信号，将计量精确的燃油适时、适量地喷入节气门附近的进气歧管内。

（2）喷油器的类型　喷油器的类型有轴针式喷油器、单孔式喷油器和多孔式喷油器，如图10-10所示。

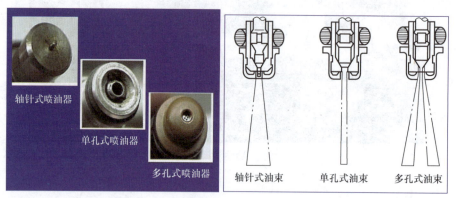

图10-10　轴针式、单孔式、多孔式喷油器

轴针式喷油器由外壳、喷孔、针阀、套在针阀上的衔铁、回位弹簧、电磁线圈和电插接器等组成，如图10-11所示。

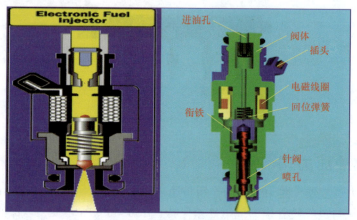

图10-11　轴针式喷油器的结构

10.8 汽油缸内直喷（FSI）技术

缸内直喷就是将燃油喷嘴安装于气缸内，直接将燃油喷入气缸内与进气混合（图10-12）。其喷射压力进一步提高，使燃油雾化更加细致，真正实现了精准地按比例控制喷油并与进气混合，并且消除了缸外喷射的缺点。同时，喷嘴位置、喷雾形状、进气气流控制，以及活塞顶形状等特别的设计，使油气能够在整个气缸内充分、均匀地混合，从而使燃油充分燃烧，能量转化效率更高。

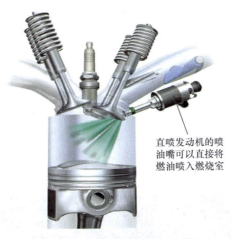

图 10-12　缸内直喷发动机的供油

FSI 发动机有至少两种燃烧模式：分层燃烧和均质燃烧，分层燃烧是 FSI 发动机的特点。

分层燃烧的优点是热效率高、节流损失少、有限的燃料尽可能多地转化成工作能量。分层燃烧模式下节气门不完全打开，保证进气管内有一定真空度（可以控制废气再循环和碳罐等装置）。这时，发动机的转矩大小取决于喷油量，与进气量和点火提前角关系不大。

10.9　涡轮增压技术

涡轮增压发动机指配备涡轮增压器的发动机。涡轮增压器实际上是一种空气压缩机，通过压缩空气来增加进气量。它是利用发动机排出的废气惯性冲力来推动涡轮室内的涡轮，涡轮带动同轴的叶轮，叶轮压送由空气滤清器管道送来的空气，使之增压进入气缸。当发动机转速增大，废气排出速度与涡轮转速也同步增大，叶轮就压缩更多的空气进入气缸，空气的压力和密度增大可以燃烧更多的燃料，相应增加燃料量和调整发动机的转速，就可以增加发动机的输出功率。

涡轮增压发动机的优点是可提高燃油经济性、降低尾气排放；缺点是噪声大、动力输出反应滞后。

10.10　废气再循环（EGR）系统（图 10-13）

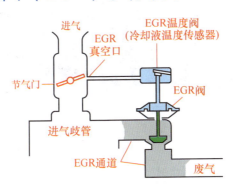

图 10-13　废气再循环系统

（1）废气再循环的作用　废气再循环可减少NO_x的排放。发动机排出的部分废气被送到进气管，并与新鲜混合气一起再次进入气缸。由于废气中含有大量的CO_2，而CO_2不能燃烧却吸收大量的热，使气缸中混合气的燃烧温度降低，从而减少了NO_x的生成量。

（2）自然通风　从曲轴箱抽出的气体直接导入大气中的通风方式称为自然通风。柴油机多采用这种曲轴箱自然通风方式。

（3）曲轴箱强制通风　从曲轴箱抽出的气体导入发动机的进气管（图10-14），然后吸入气缸进行再燃烧，这种通风方式称为强制通风。汽油机一般都采用这种曲轴箱强制通风方式。

图10-14　曲轴箱强制通风

10.11　三元催化转化器（图10-15）

三元催化转化器的作用是把发动机排出的CO、HC和NO_x，在铂（钯）和铑等催化剂的作用下，氧化还原生成无害的CO_2、N_2和H_2O。三元催化转化器的外面用双层不锈薄钢板制成筒形，在双层薄板夹层中装有绝热材料——石棉纤维毡，内部在网状隔板中间装有净化剂。

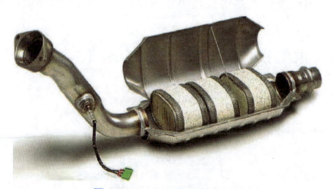

图10-15　三元催化转化器

10.12　柴油机微颗粒过滤

微颗粒是柴油机排放污染的突出问题，一般采用过滤法进行处理。先将排气中微颗粒用过滤器过滤，再利用催化剂、氧化器、燃烧器等进行分解、燃烧。微粒过滤器的材料和结构有许多种，常用的材料有整体式陶瓷、金属丝网、纺织纤维圈、陶瓷纤维、泡沫陶瓷等。柴油机微颗粒过滤器如图10-16所示。

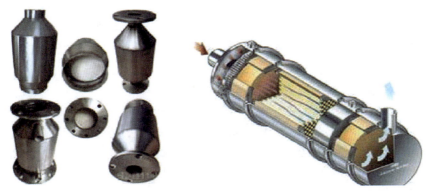

图 10-16　柴油机微颗粒过滤器

10.13　燃油供给系统的检修

（1）燃油泵的就车检查

1）用专用导线将诊断座上的燃油泵测试端子跨接到12V电源上。

2）将点火开关转至ON位置，但不要起动发动机。

3）旋开燃油箱盖能听到燃油泵工作的声音，或用手捏进油软管应感觉有压力。

4）若听不到燃油泵的工作声音或进油管无压力，应检修或更换燃油泵。

5）若有燃油泵不工作的故障，且上述检查正常，应检查燃油泵电路导线、继电器、易熔线和熔丝有无断路。

（2）燃油系统的检测

1）电动燃油泵电阻的检测。用万用表电阻档测量电动燃油泵上两个接线端子间的电阻。

2）喷油器电阻的检查。

（3）燃油系统的压力释放　压力释放的目的是防止在拆卸时，系统内的压力油喷出，造成人身伤害和火灾。释放方法如下：

1）起动发动机，维持怠速运转。

2）在发动机运转时，拔下油泵继电器或电动燃油泵电源接线，使发动机熄火。

3）使发动机起动2～3次，完全释放燃油系统的压力。

4）关闭点火开关，装上油泵继电器或电动燃油泵电源接线。

（4）燃油系统压力预置　压力预置的目的是避免首次起动发动机时，因系统内无压力而导致起动时间过长。

方法一：通过反复打开和关闭点火开关来完成。

方法二：

1）检查燃油系统元件和油管接头是否安装好。

2）用专用导线将诊断座上的燃油泵测试端子跨接到12V电源上。

3）将点火开关转至"ON"位置，使电动燃油泵工作约 10s。

4）关闭点火开关，拆下诊断座上的专用导线。

（5）燃油系统压力测试

1）检查燃油箱中的燃油，应足够。

2）检查蓄电池电压，应在 12V 左右，拆下蓄电池负极电缆线。

3）将专用油压表接到燃油系统中。对于日本丰田汽车，专用油压表连接在输油管的进油管接头处；对于韩国大宇或通用汽车，专用油压表连接在燃油滤清器与输油管之间安装脉动阻尼器的位置。

4）接上负极电缆，起动发动机使其维持怠速运转。

5）拆下燃油压力调节器上的真空软管，用手堵住进气管一侧，检查油压表指示的压力，多点喷射系统应为 0.25 ~ 0.35MPa，单点喷射系统为 0.07 ~ 0.10MPa。

6）接上燃油压力调节器的真空软管，检查燃油压力表的指示值应有所下降（约为 0.05MPa）。

7）将发动机熄火，等待 10min 后观察压力表的压力。多点喷射系统不低于 0.20MPa，单点喷射系统不低于 0.05MPa。

8）检查完毕后，释放系统压力，拆下油压表，装复燃油系统。

参 考 文 献

[1] 谭本忠.发动机构造与维修[M].济南：山东科学技术出版社，2009.
[2] 郑劲，张子成.汽车发动机构造与维修[M].北京：化学工业出版社，2010.
[3] 王治平.汽车发动机构造与维修[M].南京：江苏科学技术出版社，2010.

目　录

项目一　内燃机类型的认知 …………………………………………………… 1

项目二　发动机的认知 ………………………………………………………… 3

项目三　发动机机体组的认知 ………………………………………………… 7

项目四　曲柄连杆机构的认知 ………………………………………………… 10

项目五　配气机构的认知 ……………………………………………………… 17

项目六　润滑系统的认知 ……………………………………………………… 23

项目七　冷却系统的认知 ……………………………………………………… 26

项目八　起动系统的认知 ……………………………………………………… 32

项目九　点火系统的认知 ……………………………………………………… 35

项目十　燃油供给系统的认知 ………………………………………………… 38

项目十一　工具的认知与使用 ………………………………………………… 42

项目一

内燃机类型的认知

4S 店的新员工对发动机编号等基础知识还不熟悉,请为他们介绍发动机编号规则、冷却方式、气缸排列形式等内容。

1. 补充完整国产发动机型号的含义。

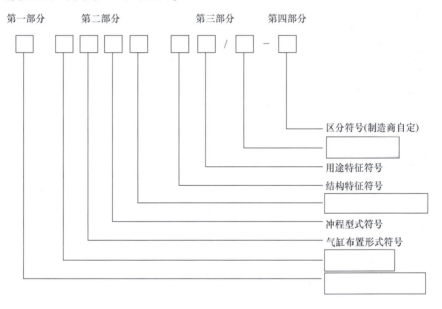

2. 汽油发动机和柴油发动机的特点分别有哪些?

3. 补充完整发动机冷却方式的分类及特点。

冷却方式	冷却介质	构造	特点

4. 将气缸排列形式与相应图片连线，并在后面的横线上填写其各自的特点。

直列式发动机

_____

多列式W形发动机

_____

V形对置式发动机

_____

水平对置发动机

_____

项目二

发动机的认知

情 景

4S店定期开展客户讲堂，由你负责为车主讲解发动机的结构、工作原理以及性能指标的含义。

1. 填写下图中发动机零部件和总成的名称。

对比上图与实际发动机总成，将上图中没有的部件填写在下面的横线上：

_____

_____

2. 描述汽油发动机四行程的工作原理，并完善下表的信息。

项目	进气行程	压缩行程	做功行程	排气行程
活塞运动轨迹				
进气门状态				
排气门状态				
压力、温度				
气体组成				

3. 描述柴油发动机四行程的工作原理，并完善下表的信息。

项目	进气行程	压缩行程	做功行程	排气行程
活塞运动轨迹				
进气门状态				
排气门状态				
压力、温度				
气体组成				

4. 从构造和工作原理方面描述汽油发动机与柴油发动机的共同点和不同点。

___
___
___
___

5. 请在下图中标出下列术语所示的位置及空间大小。
①上止点；②下止点；③活塞行程；④曲柄半径；⑤气缸工作容积；⑥燃烧室容积；⑦气缸总容积。

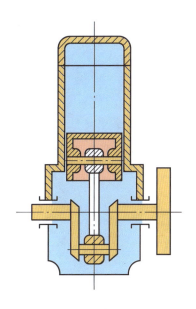 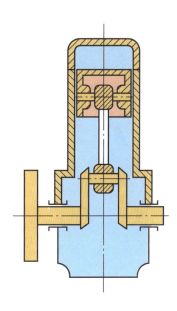

6. 名词解释
1）发动机排量：
2）压缩比：
7. 写出主要的发动机性能指标，并说明其含义。

___
___
___
___

8. 自由分组，自行分工，学习相关信息。结合下图，为你的同伴讲解发动机速度特性曲线，并向他请教发动机外特性和部分特性的含义及其表征的性能，将讨论结果予以记录。

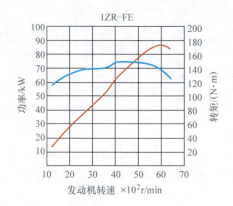

项目三

发动机机体组的认知

情景

客户的车辆在行驶中排气管冒白烟,经诊断需更换气缸衬垫,请你完成该项任务。

1. 分别写出汽车排气管冒不同颜色烟的可能故障原因。

烟的颜色	可能的故障原因
白烟	
蓝烟	
黑烟	

2. 对车辆进行预检,并记录。

步骤	检查内容	安全环保规范

3. 填写下图中标注件的名称,并完成表格缺项。

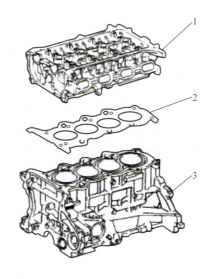

序号	名称	作用	要求
1			
2			
3			

4. 填写气缸盖常见损伤及其原因和相应的检查方法。

常见损伤	原因	检查方法

5. 制订气缸盖拆装、检测的工作计划,并进行汇报。

工作步骤	工作内容及技术规范	使用工具和注意事项
拆卸		
检测		
安装		

6. 制订实施计划,并记录过程中遇到的问题,进行总结后相互交流。

7. 对照下图，说明气缸盖密封平面的测量方法及位置。查阅技术资料，写出气缸盖密封面的平面度公差。

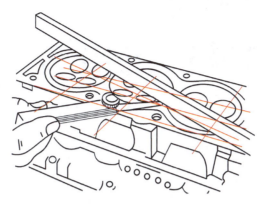

8. 填写量缸表各部件的名称，并完成量缸表的组装。

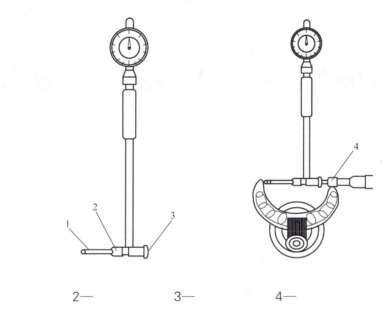

1—　　　　　2—　　　　　3—　　　　　4—

项目四

曲柄连杆机构的认知

情景一

客户的发动机需进行大修,请你对发动机的活塞连杆组进行检查。如有必要,进行更换。

1. 描述活塞连杆组的作用、安装位置与工作条件。

作用	安装位置	工作条件

2. 请根据下图回答相关问题。

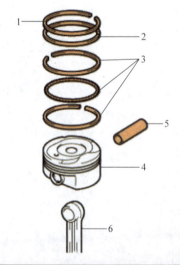

序号	名称	分类	作用及特点
1			
2			
3			
4			
5			
6			

3. 查阅资料，比较全浮式和半浮式活塞销的特点。

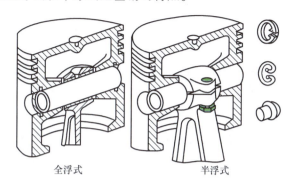

全浮式　　　　　半浮式

	安装方式	特点
全浮式		
半浮式		

4. 描述活塞连杆组常见的损伤形式及原因。

常见损伤形式	原因

5. 查阅手册，以小组为单位制订拆卸、组装活塞连杆组的工作计划。

6. 查阅手册，以小组为单位制订活塞和活塞环的检测计划，并写出所需的工具、量具及注意事项，将实施结果填入下表中。

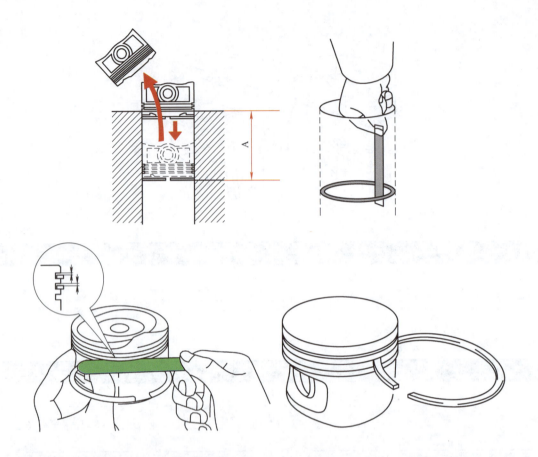

项目		测量值	标准值/极限值	结果分析
活塞				
气环1	端隙			
	侧隙			
	背隙			
气环2	端隙			
	侧隙			
	背隙			

7. 查阅资料，写出连杆定位剖分面的形式和连杆斜切口大头定位的特点。

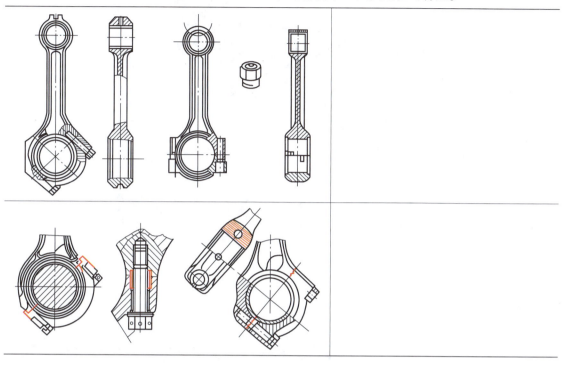

8. 连杆扭曲会加速机件机械磨损，导致偏缸等，请写出如何校正连杆扭曲？

工具	
温度要求	
后续处理	
技术要求	
具体步骤	
注意事项	

情景二

客户的发动机需进行大修，请你对曲轴及其轴承进行检查。如有必要，进行更换。

1. 描述曲轴的作用、组成与工作条件。

作用	组成	工作条件

2. 补充完整图中各部件的名称。

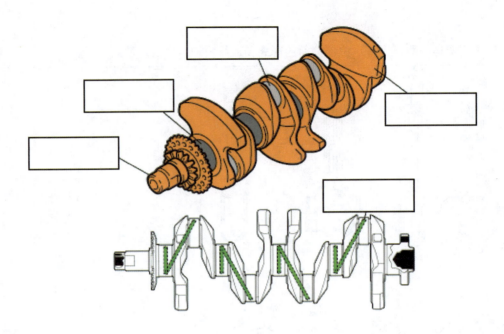

3. 曲轴常见的故障有哪些？

4. 制订曲轴跳动量检测的操作流程，并写出所需的工具、量具及注意事项。

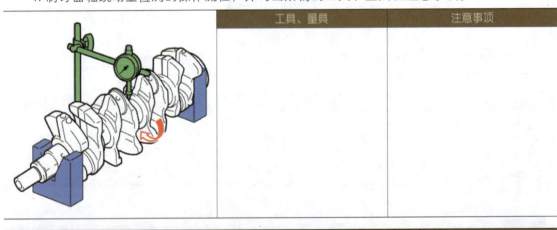

	工具、量具	注意事项

发动机型号	曲轴跳动量标准值	曲轴跳动量测量值	结论

项目四 | 曲柄连杆机构的认知

5. 制订检测曲轴轴颈磨损的操作流程，并写出所需的工具、量具及注意事项。

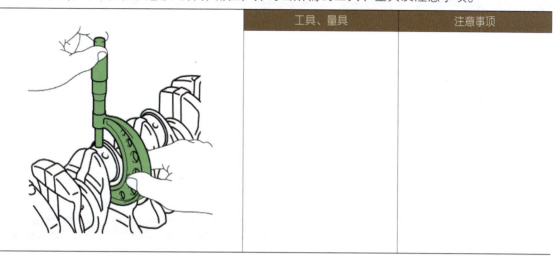

工具、量具	注意事项

发动机型号	主轴颈磨损极限标准值及测量值	连杆轴颈磨损极限标准值及测量值

6. 制订曲轴止推间隙的检测流程，并写出所需的工具、量具及注意事项。

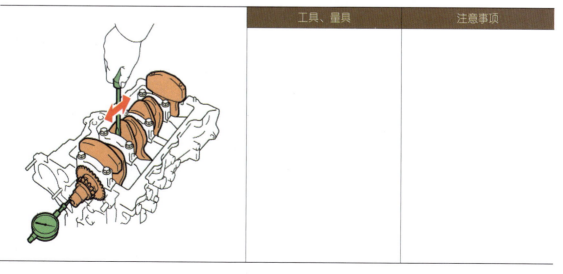

工具、量具	注意事项

发动机型号	曲轴止推间隙标准值	曲轴止推间隙测量值	结论

7. 制订检测曲轴径向间隙的操作流程，并写出所需的工具、量具及注意事项。

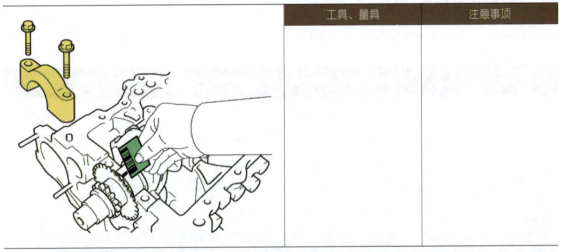

工具、量具	注意事项

发动机型号	上紧要求	曲轴径向间隙标准值	曲轴径向间隙测量值	结论

8. 请查阅维修手册，写出曲轴更换的步骤。

项目五

配气机构的认知

客户的发动机在怠速时发出"嘎嘎"声，经诊断需更换气门间隙补偿元件，请你完成该项任务。

1. 填写下图标注的部件名称。

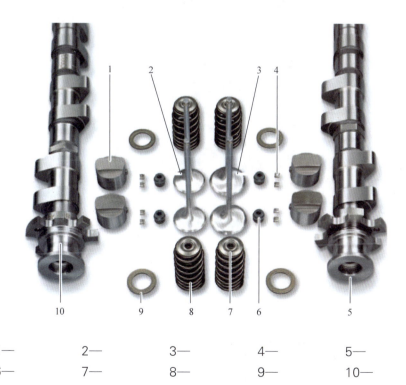

| 1— | 2— | 3— | 4— | 5— |
| 6— | 7— | 8— | 9— | 10— |

2. 写出下列配气机构的类型名称。

3. 区别不同液力挺柱的安装位置和动力传动路线。

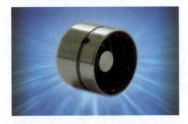

动力传递路线：凸轮→

动力传递路线：凸轮→

4. 根据下图分别分析不同挺柱的工作原理，并完成填空。

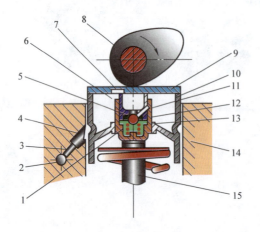

1—高压油腔 2—缸盖油道
3—油量孔 4—斜油孔
5—球阀 6—低压油腔 7—键形槽
8—凸轮轴 9—挺柱体
10—柱塞焊缝 11—柱塞
12—套筒 13—弹簧 14—缸盖
15—气门杆

1）液力挺柱的作用是 _____；决定挺柱长短的是 _____ 的大小。

2）描述挺柱伸长的工作过程：

3）描述挺柱缩短的工作过程：

4）将图中部件和名称进行连线。

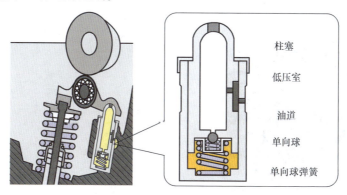

柱塞

低压室

油道

单向球

单向球弹簧

5.制订更换捷达发动机液力挺柱的工作计划，并进行汇报。

	工作步骤	工作内容	使用工具和注意事项
拆卸			
检测			
安装			

6. 分组学习不同的可变气门正时技术的工作原理，并互相讲解。

名称	结构	工作原理

（续）

名称	结构	工作原理
伺服电动机、螺杆、扭转弹簧、排气凸轮轴、蜗轮、偏心轴、进气凸轮轴、中心推杆、摇臂、排气门、进气门		
活塞		

7. 制订凸轮轴检查及更换的工作计划，并进行汇报。

工作步骤	工作内容	使用工具和注意事项
拆卸		
检测		
安装		

8. 制订正时齿轮的拆装工作计划，并进行汇报。

	工作步骤	工作内容	使用工具和注意事项
拆卸			
检测			
安装			

项目六

润滑系统的认知

数据显示,4S 店完成的工作项目中,操作最多的项目是润滑油更换。请你通过学习,掌握检查和修理润滑系统的相关知识,并独立完成润滑油及机油滤清器的更换任务。

1. 填写下图标注的部件名称、作用及技术要求。

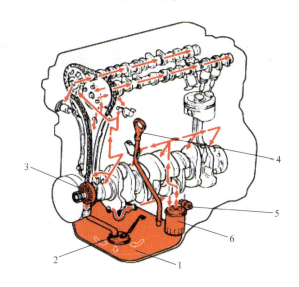

序号	名称	作用	要求
1			
2			
3			
4			
5			
6			

2. 说明润滑系统的工作过程。

---

3. 以工作站的方法进行润滑系统功用、润滑方式以及工作原理的学习，并完成以下填空。
1）润滑系统的功用。润滑油流经发动机中各个相对运动的摩擦表面，在零件进行润滑及保护，请详细介绍润滑系统的各项作用：

作用	说明

2）润滑方式。由于发动机各运动零件的工作条件不同，对润滑强度的要求也就不同，因而要相应地采取不同的润滑方式，举例解释说明以下润滑方式的应用位置。

润滑方式	举例
压力润滑	
飞溅润滑	
定期润滑	

4. 润滑剂的分类及选用
1）根据润滑剂的工作条件，选择对润滑剂的要求。
□较高的黏度 □适当的黏度 □较低的黏度 □优异的氧化安定性
□良好的耐腐蚀性 □易燃性 □较低的起泡性 □高度的挤压性
□较低的挤压性 □强烈的清净分散性
2）查阅资料，解释润滑油标号 SL/CF 10W–30 的含义。
S 表示＿＿＿＿；L 表示＿＿＿＿；C 表示＿＿＿＿；F 表示＿＿＿＿；10W 表示油品的＿＿＿＿；30 表示机油＿＿＿＿；此润滑油低温＿＿＿＿，冬夏通用，南北通用，是一种纯合成润滑油。

5. 查阅相关资料，完成以下填空。
美国工程师学会 (SAE) 按照润滑油的黏度等级，把润滑油分为冬季用润滑油和非冬季用润滑油。其中，冬季用润滑油有：＿＿＿＿＿＿＿＿＿＿；非冬季润滑油有：＿＿＿＿＿＿＿＿＿＿。
号数较大的润滑油黏度较大，适于在较高的环境温度下使用；美国石油学会 (API) 根据润滑油的性能及最适合的使用场合，把润滑油分为 S 系列和 C 系列两类。S 系列为汽油机润滑油，目前有_____级别。C 系列为柴油机润滑油，目前有_____级别。

6. 描述润滑油液位的检查方法及技术要求。

7. 为什么汽车维护保养中需要更换润滑油和机油滤清器？

8. 随着使用时间增加，润滑油不但会脏，而且会越来越少，请分析其原因。

9. 分组查阅维修手册，制订润滑油、机油滤清器的更换的工作计划，并进行汇报。

序号	工作内容	使用工具和注意事项

项目七

冷却系统的认知

客户反映在车辆行驶过程中出现"开锅"现象,请你根据所学知识,为他进行冷却系统的检查和修理,并独立完成冷却液的更换任务。

1. 填写下图标注的部件名称。

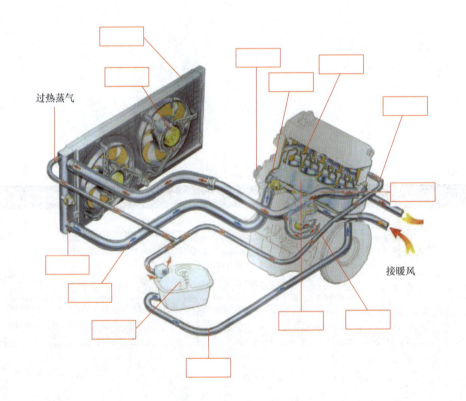

2. 说明冷却系统的工作过程。

3. 团队合作进行冷却系统功用及冷却方式的学习,并将学习成果予以记录。
①冷却系统的功用:

②发动机冷却方式:

冷却方式	冷却介质	构造及特点	举例

4. 冷却液
①选择对冷却液的要求。
□冰点高于水的冰点 □适当的黏度 □沸点低于水的沸点 □较低的黏度
□冰点低于水的冰点 □良好的耐腐蚀性 □易燃性 □沸点高于水的沸点 □较低的起泡性

②写出常用冷却液的成分。

③写出冬季需检查冷却系统的原因。

④为什么冷却液是有色的？

⑤不同的冷却液能否混用？能否用水代替冷却液？

⑥写出冷却液冰点的检测方法。

5. 标出蜡式节温器各部件的名称，并描述其工作原理。

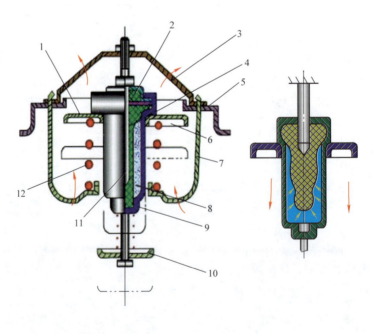

1—　　　　2—　　　　3—　　　　4—　　　　5—　　　　6—
7—　　　　8—　　　　9—　　　　10—　　　11—　　　12—

6. 结合下图，描述节温器的工作过程及冷却液流向。

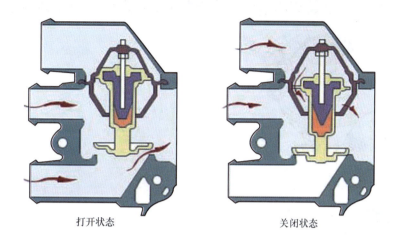

打开状态　　　　　　　　关闭状态

7. 描述冷却液液位的检查方法及注意事项。

当检查防冻液液位时，暖机和冷机状态不一样，在下图中使用不同颜色笔标示出暖机和冷机的正常液面位置。

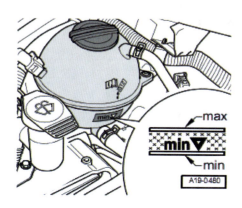

8. 分组查阅维修手册，制订排放和加注冷却液的工作计划，并进行汇报。

序号		图示	步骤	注意事项
排放	1	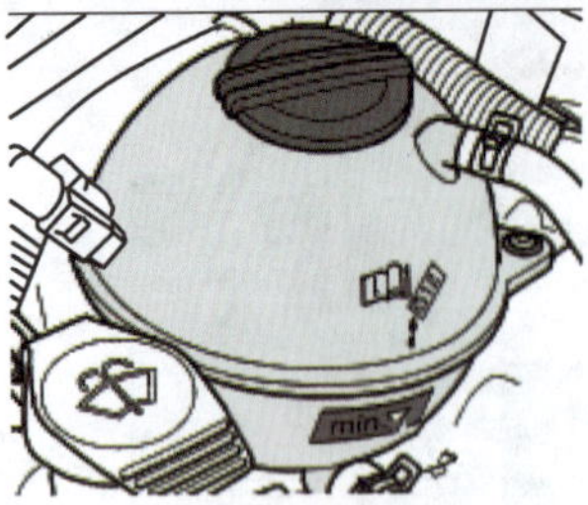		
	2	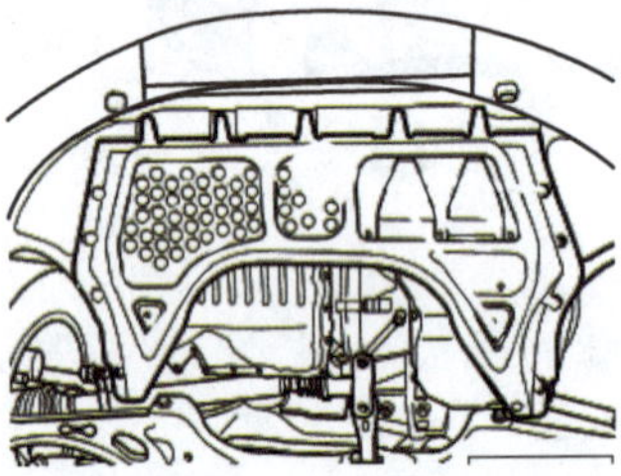		热蒸气和热防冻液会造成烫伤，因此打开膨胀水壶时应：_____ _____
	3	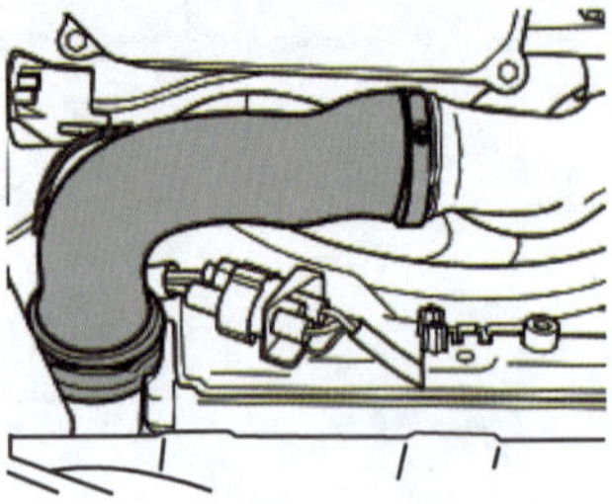		
	4	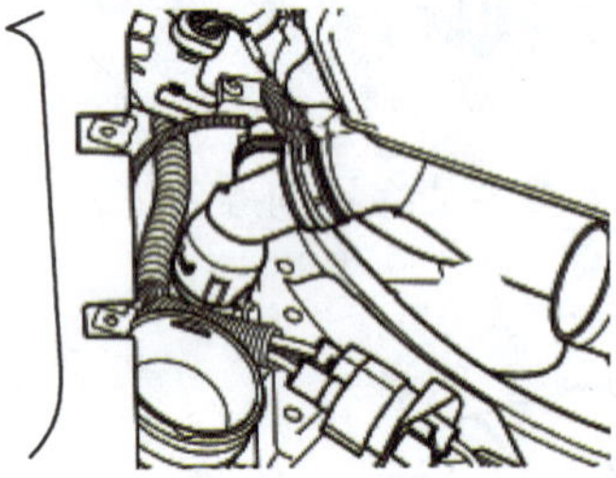		排放的防冻液应：_____ _____
	5	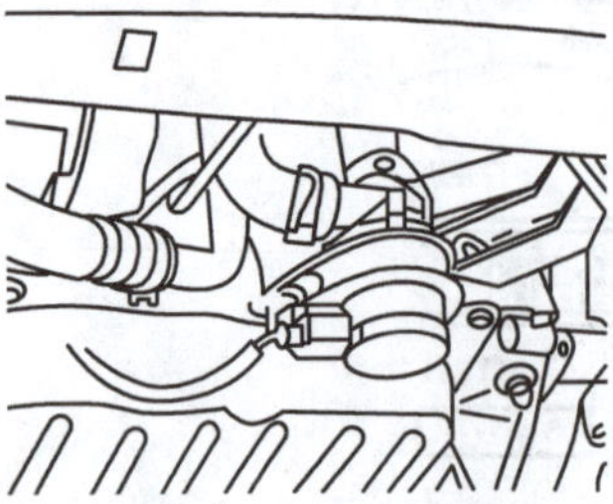		

（续）

序号	图示	步骤	注意事项
加注 1	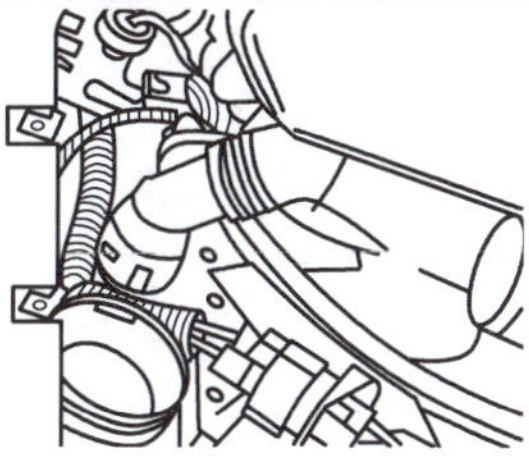		新添加的防冻液使用要求：_____
加注 2			
加注 3			
加注 4		关闭冷却液膨胀壶上的膨胀罐盖	
加注 5		起动发动机并让其运转，直至散热器风扇转动	
加注 6		检查冷却液液位	
加注 7		如果有必要，再次添加防冻液	
加注 8		关闭发动机	

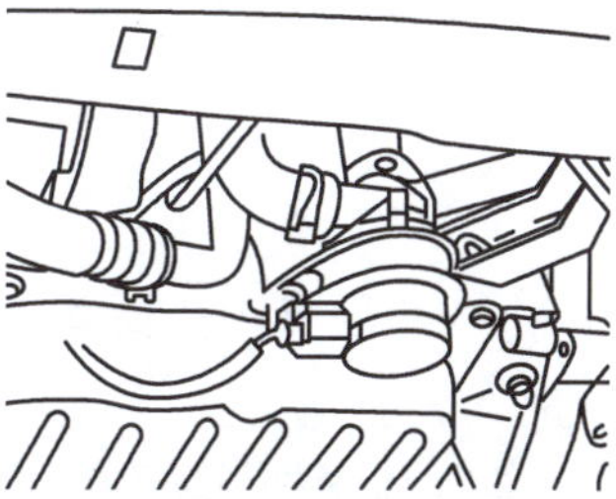

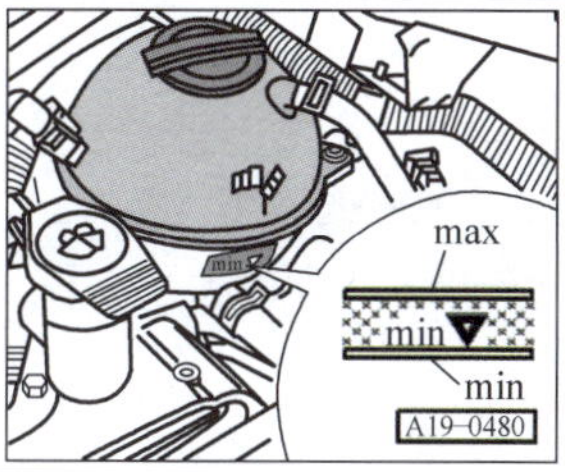

项目八

起动系统的认知

客户反映车辆无法起动,检查后发现起动机不转。请你根据所学知识,为他进行相应的检查和修理。

1. 在下图中填写起动系统各部件的名称,并说明其作用。

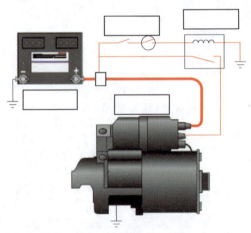

2. 写出下图所示的起动机各部件名称,并说明其作用。

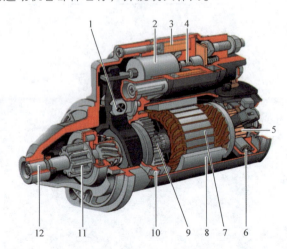

序号	名称	作用
1		
2		
3		
4		
5		
6		
7		
8		
9		
10		
11		
12		

3. 说明起动机的工作过程。

4. 团队合作进行起动系统相关知识的学习,并将学习成果予以记录。

序号	类型	构造及特点	举例
1			
2			
3			
4			

5. 描述起动系统常见故障现象及原因。

故障现象	故障原因

6. 写出起动机解体检测的方法。

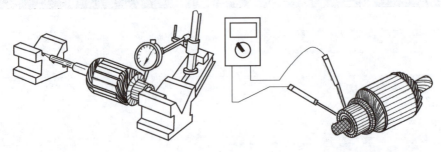

检测项目	使用工具	检测方法	结果记录

7. 以小组为单位,查阅维修手册,制订起动机更换的工作计划,并进行汇报。

序号	工具	步骤	注意事项
1			
2			
3			
4			
5			
6			

项目九

点火系统的认知

> 情景

车辆一缸缺火,请你根据所学知识进行相应的检查,并完成火花塞更换。

1. 说明点火系统的功能。

_____

_____

_____

2. 依次填写下图中传统点火系统各部件的名称,并说明其作用。

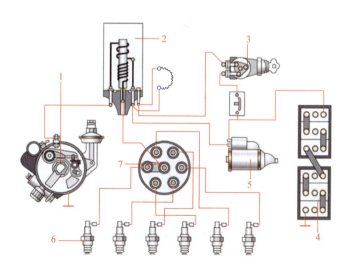

序号	名称	作用
1		
2		
3		
4		
5		
6		
7		

3. 团队合作进行不同类型的点火系统相关知识的学习,并将学习成果予以记录。

序号	类型	结构组成	特点
1			
2			
3			
4			

4. 填写火花塞各部件的名称。

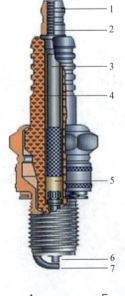

1— 2— 3— 4— 5— 6— 7—

5. 分组查阅资料，制订火花塞更换的工作计划，并进行汇报。

序号	工具	步骤	注意事项
1			
2			
3			
4			
5			
6			

项目十

燃油供给系统的认知

客户反映车辆动力不足,请你根据所学知识帮他进行相应的检查,并完成燃油滤清器的更换。

1. 在下图中填写燃油供给系统各部件的名称,并说明其作用。

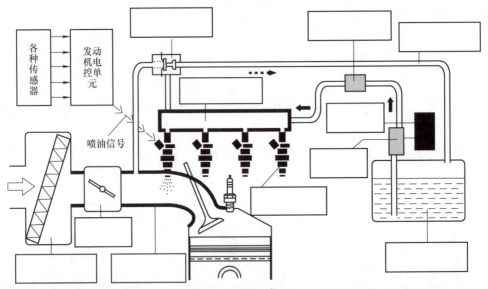

名称	作用

2. 在下图中填写进气系统各部件的名称，并说明其作用。

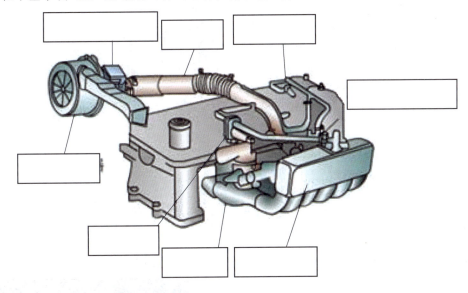

名称	作用

3. 团队合作进行不同类型的空气滤清器相关知识的学习，并将学习成果予以记录。

序号	类型	结构组成	特点
1			
2			
3			
4			
5			
6			

4. 查阅资料，结合图片，描述可变进气系统的结构与工作原理。

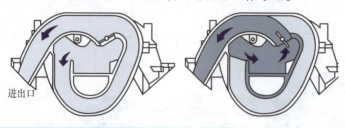

进出口

5. 试从结构和性能等方面对单排气系统和双排气系统进行分析比较。

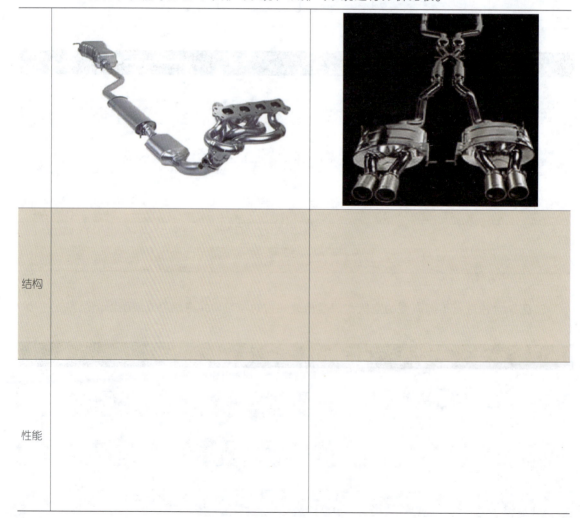

结构		
性能		

项目十 | 燃油供给系统的认知

6. 查阅资料，制订燃油滤清器更换的工作计划，并进行汇报。（提示：需考虑卸压）

序号	工具	步骤	注意事项
1			
2			
3			
4			
5			
6			

7. 查阅资料，制订燃油泵更换的工作计划，并进行汇报、展示。

序号	工具	步骤	注意事项
1			
2			
3			
4			
5			
6			
7			

项目十一

工具的认知与使用

情 景

新员工小张刚从事机修行业，对各种工具的使用规范不太清楚，请你帮助他完成常用工具及量具的认知与使用。

1. 请将常用拆装工具（钳类）与名称连线。

尖嘴钳

钢丝钳

鲤鱼钳

水泵钳

卡簧钳

斜嘴钳

剥线钳

2. 请将常用拆装工具（扳手类）与名称连线。

两用扳手

梅花扳手

棘轮扳手

气动套筒扳手

扭力扳手

呆扳手

四方扳手

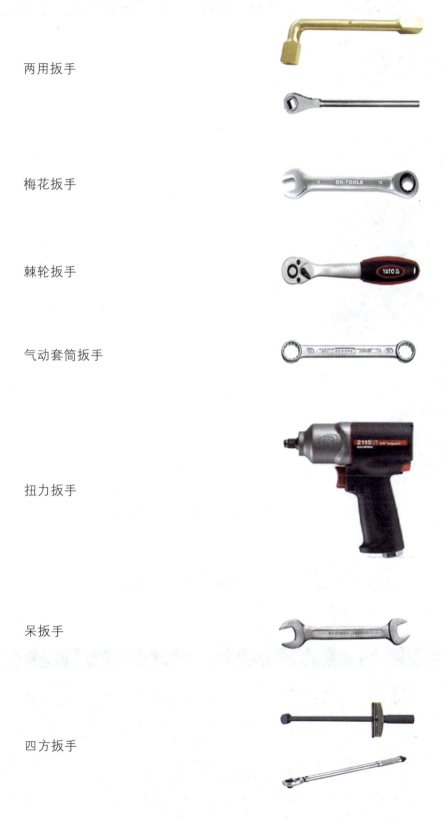

3. 团队合作进行汽车专用工具（SST）的学习，模拟使用并将使用方法予以记录。

专用工具	名称	用途

4. 请填写游标卡尺各部分的名称及使用注意事项，并做读数练习。

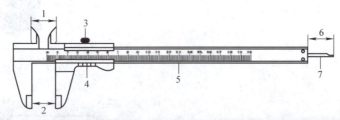

序号	名称
1	
2	
3	
4	
5	
6	
7	

使用注意事项：

5. 请填写外径千分尺各部分的名称，并写出外径千分尺的使用要求。

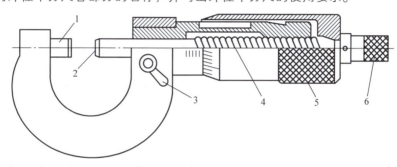

标号	名称
1	
2	
3	
4	
5	
6	

使用要求：

6. 请写出外径千分尺的使用方法及注意事项，并做读数练习。

7. 请写出百分表的使用方法及注意事项，并做读数练习。